波奇包
愛假裝

好用
又可愛!

簡單開心織的
造型波奇包

不管是誰都會擁有一個的波奇小包，

是整理收納小物時不可缺少的物品。

本書介紹的手織波奇包不僅外出必備，

方便又可愛的造型令人在家也想要使用！

口金的組裝方式和拉鍊縫法皆以詳細的照片步驟說明，

請安心的試著編織看看吧！

<<< 線材提供 >>>

オリムパス製絲株式會社
名古屋市東區主稅町 4-92
☎ 052-931-6652
http://www.olympus-thread.com

橫田株式會社 (DARUMA)
大阪市中央區南久宝寺町 2-5-14
☎ 06-6251-2183
http://www.daruma-ito.jp

<<< 線材・口金提供 >>>

ハマナカ株式會社
京都本社
京都市右京區花園藪ノ下町 2-3
☎ 075-463-5151
e-mail info@hamanaka.co.jp
東京支店
東京都中央區日本橋浜町 1-11-10
☎ 03-3864-5151
Hamanaka 官網
http://www.amuuse.jp

<<< 攝影協力 >>>

AWABEES
☎ 03-5786-1600

UTUWA
☎ 03-6447-0070

<<< staff >>>

編輯…矢口佳那子　柳花香
　　　北原さやか　加納亮
織法校閱…高橋沙絵
攝影…藤田律子　腰塚良彥（P.28 ～ 31）
書籍設計…三部由加里
製圖…白井麻衣

若想鉤織作品，建議在購買線材時，
盡可能一次就買齊一個作品要使用的
份量。

contents

細條紋波奇包

橢圓袋底的拉鍊波奇包，使用織法結實的袋身，運用範圍十分廣泛。

1是水藍色、2是以茶色為基調，皆搭配原色作出清爽風格。

1

2

織法 >>> P.36
線材 >>> Hamanaka Wash Cotton
設計 >>> 水原多佳子

袋底＆袋身下方為單色，
上方以細條紋花樣作出層次感。

艾倫花樣波奇包

正中央是醒目的鑽石紋，兩側是蜂巢紋的艾倫花樣設計。
3是經典的原色、4是紫×綠的撞色搭配。

3

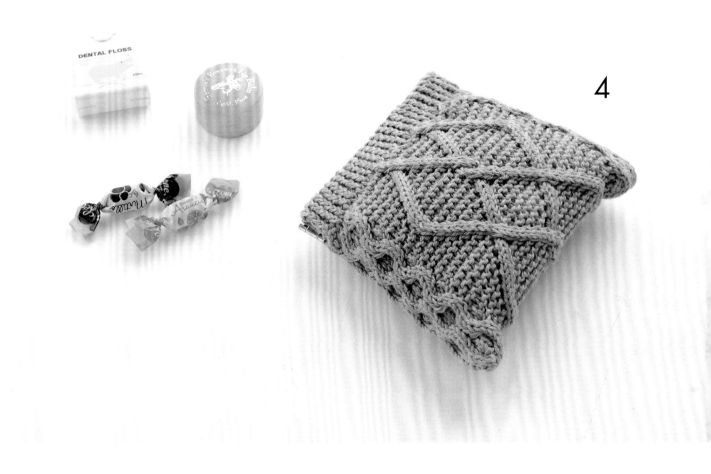

4

袋口使用單手就能輕鬆打開的彈簧口金。

織法 >>> P.38

線材 >>> 3　Hamanaka Paume〈無垢綿〉Baby
　　　　　4　Hamanaka Paume Baby Color
彈簧口金 >>> Hamanaka
設計 >>> 金子祥子

條紋口金包

只是在圓底的短針織片縫上口金,就能作出圓滾滾的可愛造型。
卓越的收納能力不管當作錢包還是隨身波奇包都很適合。

5

6

織法 >>> P.40

線材 >>> Hamanaka Wash Cotton
口金 >>> Hamanaka
設計 >>> knit studio "Ha-Na"

根據個人喜好可以享受到
各種條紋配色的樂趣。

馬爾歇小包

短針織片和作品5‧6相同,只是加上提把部分,
就完成了馬歇爾包款的波奇包。顯眼的色塊拼接方式增添了時尚感。

7

織法 >>> P.41

線材 >>> Hamanaka Wash Cotton

設計 >>> knit studio "Ha-Na"

拉鍊處加上自然率性的裝飾。

動物造型波奇包

相同的圓形織片，僅是變化耳朵和臉孔就能作出不同的動物口金包。

8是白熊、9是青蛙、10是貓咪，可愛的三種款式。

8

9

10

臉部下緣，縫上剛好可以稍微藏起來的拉鍊。

織法 >>> P.33

線材 >>> Olympus Cotton Novia〈Varie〉
設計 >>> 岡本啓子
製作 >>> 宮崎満子

圓形織片波奇包

有著民族風氛圍的圓形波奇包，其實是將兩片花樣織片接縫而成。
使用色調樸實的Hemp線材，鉤出多彩的作品。

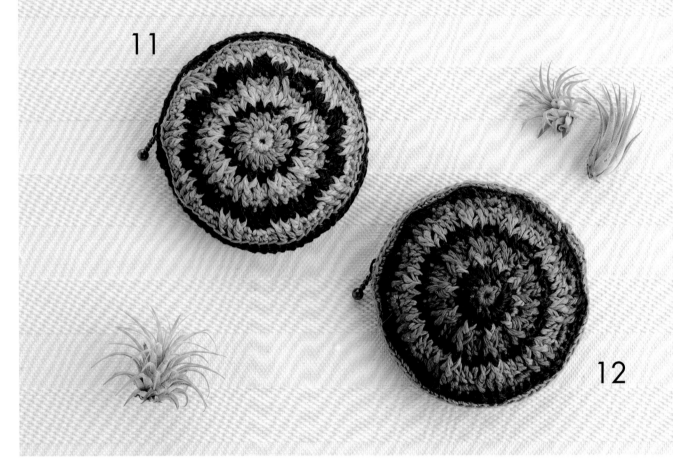

11

12

織法 >>> P.54

線材 >>> DARUMA Hemp String

設計 >>> 鎌田惠美子

巾著袋

短針鉤出密實穩定的袋底,袋身則以鳳梨花樣鉤出輕盈感。
因為有著收納功能卓越的大容量,也能作為臨時外出的包包。

織法 >>> P.42
線材 >>> Hamanaka 亞麻線〈Linen〉
設計 >>> 橋本真由子

13

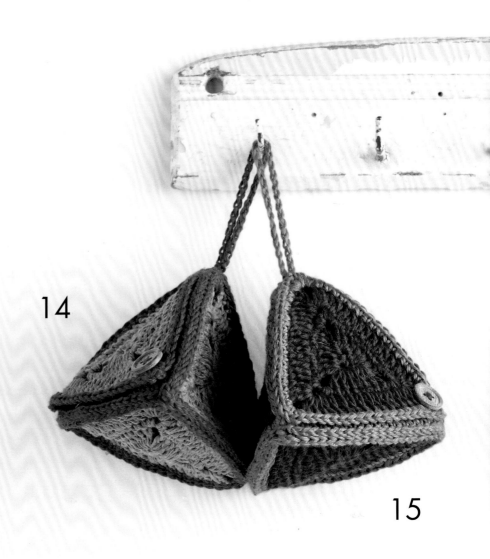

14

15

織法 >>> P.55

線材 >>> Hamanaka 亞麻線〈Linen〉

設計 >>> Ronique

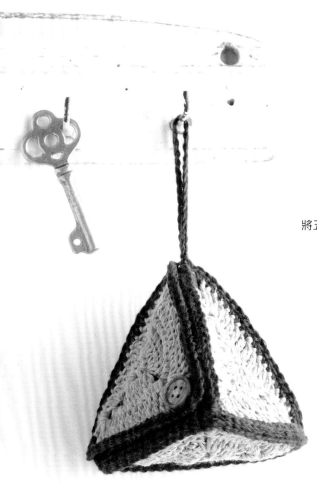

立體三角波奇包

將五片三角形花樣織片拼接成三角錐形的波奇包，重點在包包呈現的立體感。
由於鉤織了提繩，吊掛在包包上也很可愛。

16

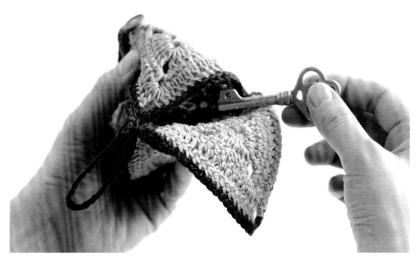

重疊兩織片作成的袋口，
使用起來令人安心。

17

織法 >>> P.44

線材 >>> Hamanaka Cotton Nottoc

設計 >>> Sachiyo ＊ Fukao

房屋波奇包

房屋造型的可愛波奇扁包，窗戶和門以繡線刺繡，勾勒出輪廓。
在拉鍊頭加上鑰匙花樣的織片，作為點綴。

小鳥波奇包

宛如鉤織玩偶的小鳥波奇包，最適合鮮亮多彩的配色。
方便拿取的造型和背上的拉鍊開口，可以隨心所欲的運用。

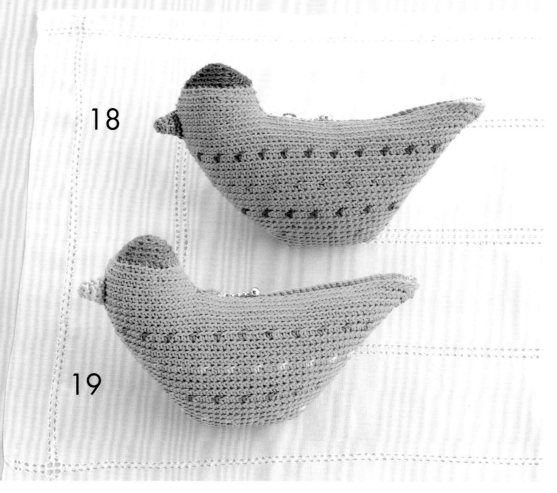

18

19

織法 >>> P.46

線材 >>> Olympus Emmy Grande〈House〉
設計 >>> 鎌田惠美子

視本體色系來搭配拉鍊，
顯得漂亮又時尚。

花朵拼接包

花朵織片拼接而成的口金款波奇包。
橘色系的溫暖配色搭配圓鼓鼓的花瓣，顯得非常可愛。

20

織法 >>> P.48

線材 >>> Hamanaka Wash Cotton〈Crochet〉
口金 >>> Hamanaka
設計 >>> 岡本啓子
製作 >>> 佐伯寿賀子

直到袋底都是滿滿的花朵。

圓筒波奇包

圓筒兩側以花朵織片點綴的波奇包。
細長的筒狀造型，適合收納化妝用品＆文具。

21

織法 >>> P.50

線材 >>> Hamanaka Wash Cotton

設計 >>> 金子祥子

蝴蝶結花樣方眼包

使用織法簡單令人高興的方眼編，作出蝴蝶結花樣的彈簧口金波奇包。
內袋以深色裡布襯托，突顯織片花樣。

22

織法 >>> P.52
線材 >>> DARUMA　蕾絲線＃20
設計 >>> 水原多佳子

織入圖案的波奇扁包

扁平的波奇包上，織入了可愛的愛心圖案。
作為拉鍊頭點綴的流蘇，讓開關拉鍊變得更方便！

織法 >>> P.64

線材 >>> DARUMA Cotton Crochet Large
設計 >>> 川路祐三子

花樣袋蓋波奇包

有著蕾絲般的袋蓋與圓滾滾袋身的波奇包。
在深藍袋口和水藍色袋身的襯托之下，原色的袋蓋特別引人矚目。

24

直接以圓形的
花樣織片作成袋蓋。

織法 >>> P.56
線材 >>> Olympus Emmy Grande〈House〉
設計 >>> 川路祐三子

鍊條手提包

由於加上了鍊條提帶，即使只帶著波奇包外出也很方便。
漂亮的混色袋身，是段染線才能編織出的獨有漸變織片。

25

織法 >>> P.58

線材 >>> Hamanaka Wash Cotton〈Gradation〉

口金 >>> Hamanaka

設計 >>> 金子祥子

26

帽子＆手套造型波奇包

宛如直接將帽子和手套作成波奇包的獨特設計。
樹木的織入花樣實在太可愛，令人不禁想要編織出一個套組的作品。

織法 >>> P.65

線材 >>> Hamanaka わんぱくデニス

設計 >>> 橋本真由子

27

織法 >>> P.65

線材 >>> Hamanaka わんぱく デニス

設計 >>> 橋本真由子

在捲起的袋口接縫拉鍊。

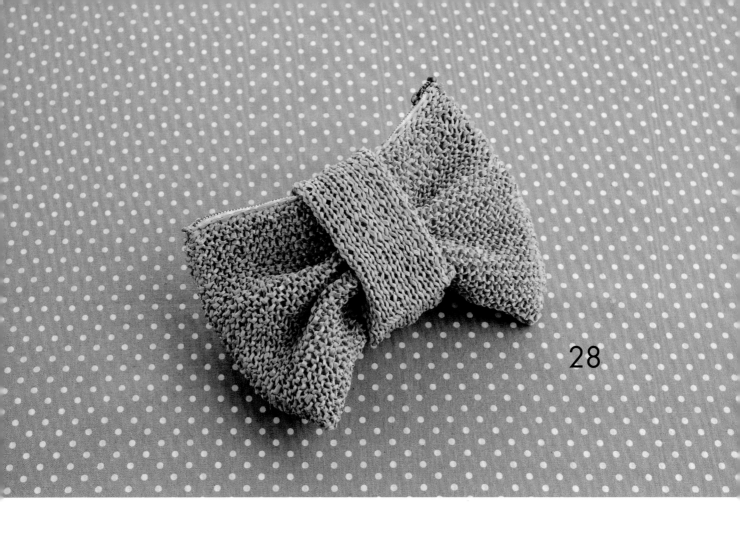

28

蝴蝶結波奇包 & 手提晚宴包

有著強烈存在感的蝴蝶結造型波奇包,是利用中央鈕帶繞一圈來固定的設計。

與作品29相同,加上鍊條提帶就能當作宴會包使用。

中央的綁帶裝上磁釦
就能迅速固定好。

29

織法 >>> P.60

線材 >>> Hamanaka Eco-ANDRIA
設計 >>> 岡本啓子
製作 >>> 鈴木恵美子

信封波奇包 & 手拿包

30是鉤織的艾倫風信封波奇包。將長方形織片摺疊就能簡單完成又容易鉤織的設計。
若是改換極粗麻線來鉤織相同織片，就能作出31的大型手拿包。

30

推薦此款袋蓋
給不擅長接縫拉鍊和口金的人。

31

織法 >>> P.62

線材 >>> 30　Olympus Cotton Novia〈Varie〉
　　　　　 31　Hamanaka Comacoma

設計 >>> Sachiyo ＊ Fukao

大小剛好，
容易攜帶的手拿包。

縫針使用能穿過拉鍊布的縫衣針或毛線針，縫線可使用分股毛線或是同色縫線（此處使用90cm的分股毛線兩條）。

I >>> 接縫拉鍊兩端。

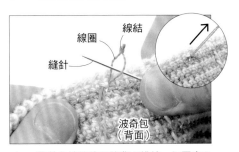

線結
線圈
縫針
波奇包
（背面）

I 縫針在接縫位置的背面挑線，如圖穿入尾端線圈，拉線收緊。

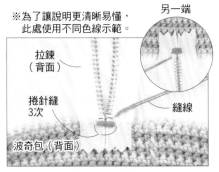

※為了讓說明更清晰易懂，此處使用不同色線示範。

拉鍊
（背面）
捲針縫
3次
波奇包（背面）

另一端
縫線

2 在波奇包背面疊上拉鍊尾端，進行約脇邊2針寬的捲針縫。另一側也以相同方式另外取線接縫。

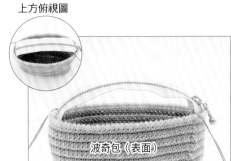

上方俯視圖
波奇包（表面）

3 拉鍊兩端與波奇包脇邊接縫的模樣。

2 >>> 接縫拉鍊。

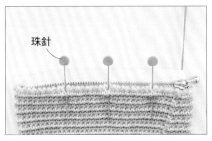

珠針

I 以珠針固定拉鍊一側。

2 縫針從拉鍊背面入針，波奇包表面出針。

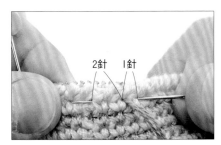

2針　I針

3 再從波奇包表面入針，以半回針縫的要領接縫。（往回I針目處入針，往前第3針目處出針）

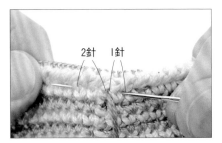

2針　I針

4 重複進行步驟 **3** 。

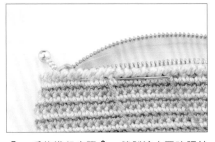

5 重複進行步驟 **3** 。縫製途中要確認拉鍊齒的接合是否正確。

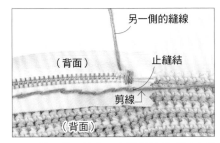

另一側的縫線
止縫結
（背面）
剪線
（背面）

6 縫至另一端後，在拉鍊的背面打止縫結，剪線。

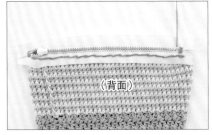

（背面）

7 拉鍊單邊縫合完成的模樣。另一邊也以相同作法接縫。

完成！

打開袋口就能看見拉鍊背面的渡線模樣。

P.6 作品5・6的口金縫法 ※織法參照P.40。

縫針使用能穿過口金接縫孔的縫衣針或毛線針，縫線可使用分股毛線或是同色縫線（此處使用90cm的縫線）。

關於口金

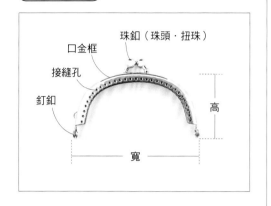

珠鈕（珠頭・扭珠）
口金框
接縫孔
釘釦
高
寬

接縫前的準備

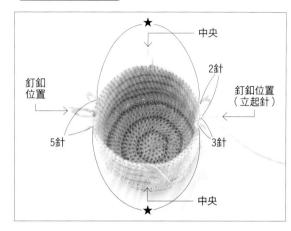

中央
2針
釘釦
位置
釘釦位置
（立起針）
5針
3針
中央

★＝31針目（接縫部分）

本體編織完成後，以段數環或彩線加上標示，區分接縫部分和不縫製的開口部分。將織片的立起針放在不起眼的脇邊（釘釦處）。線頭的收針藏線也要先整理好。

接縫順序

在第32段接縫口金框。

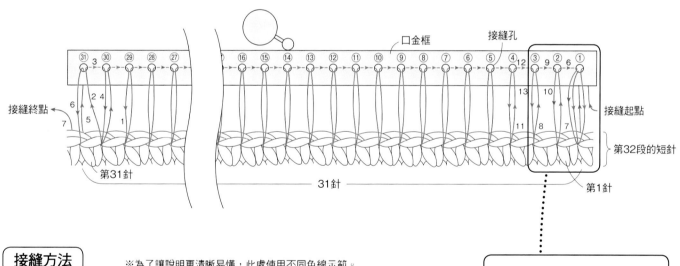

口金框
接縫孔
接縫終點
第31針
31針
接縫起點
第32段的短針
第1針

接縫方法

※為了讓說明更清晰易懂，此處使用不同色線示範。

取2股同色縫線進行接縫。

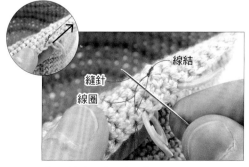

線結
縫針
線圈

Ⅰ　縫針在接縫位置背面的一針目挑線，如圖穿入尾端線圈，拉線收緊。

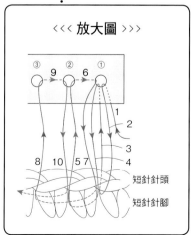

<<< 放大圖 >>>

短針針頭
短針針腳

<<< **接縫起點** >>>

為了補強縫合力度，縫線要在接縫起點的孔①穿繞3次。

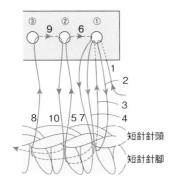

2 　縫針從口金框孔①的背面入針。
（左圖箭頭1→2）

3 　縫針從接縫位置第1針的正面入針，在背面出針。
（上圖箭頭2→3）

4 　縫針再次從孔①的背面入針。
（上圖箭頭3→4）

5 　如圖示挑起1針目的短針針腳。
（上圖箭頭4→5）

6 　縫針從孔②正面入針。
（上圖箭頭5→6）

7 　縫針再次從孔①的背面入針。
（上圖箭頭6→7）

8 　挑起2針目的短針針腳。
（上圖箭頭7→8）

9 　縫針從孔③的正面入針。
（上圖箭頭8→9）

10 　縫針從孔②的背面入針。
（上圖箭頭9→10）

11 　重複步驟 **8** 到 **10**。縫合至中央標示時，確認接縫位置的中央與口金中央是否對齊。

<<< **接縫終點** >>>

參照箭頭1至7穿針繞線
（至箭頭1為止，都是重
複步驟 8 到 10 。）

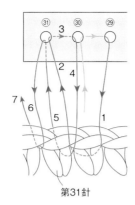

第31針

__12__　縫針從孔㉚的背面入針。
　　　（左圖箭頭3→4）

__13__　縫針從接縫位置的最後一針（第31針）
　　　正面入針，穿過口金框內側。
　　　（上圖箭頭4→5）

__14__　縫針從孔㉛的背面入針。
　　　（上圖箭頭5→6）

__15__　縫針從織片正面穿入口金框內側。
　　　（上圖箭頭6→7）

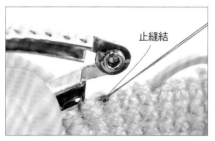

止縫結

__16__　在織片背面打止縫結，收針藏線。

完成！

打開袋口就能看見口金框內
側的渡線模樣。

__17__　口金單邊縫合完成的模樣。另一邊也以
　　　相同作法接縫。

本書使用線材

※線為實物原寸。

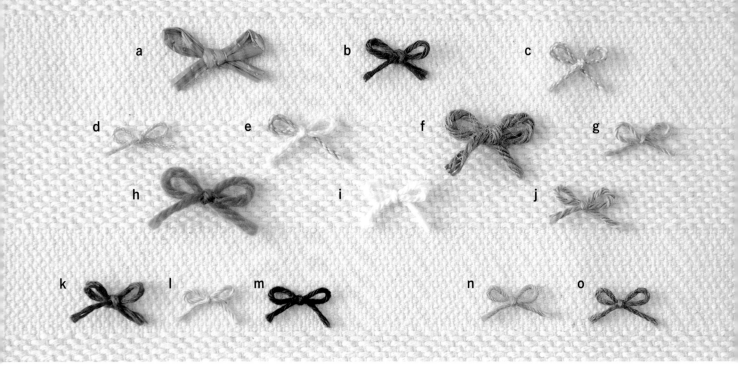

a

Hamanaka Eco-ANDRIA

嫘縈100%
40g／球（約80m）
色數55色
鉤針5/0～7/0號

b

Hamanaka 亞麻線〈Linen〉

麻（Linen）100%
25g／球（約42m）
色數17色
鉤針5/0號

c

Hamanaka Wash Cotton

棉64% 聚酯纖維36%
40g／球（約102m）
色數28色
棒針5～6號 鉤針4/0號

d

Hamanaka Wash Cotton
〈Crochet〉

棉64% 聚酯纖維36%
25g／球（約104m）
色數26色
鉤針3/0號

e

Hamanaka Wash Cotton
〈Gradation〉

棉64% 聚酯纖維36%
40g／球（約102m）
色數10色
棒針5～6號 鉤針4/0號

f

Hamanaka Comacoma

指定外纖維（黃麻）100%
40g／球（約34m）
色數16色
棒針8～10號 鉤針8/0號

g

Hamanaka Cotton Nottoc

棉100%
25g／球（約90m）
色數20色
棒針5號 鉤針4/0號

h

Hamanaka わんぱくデニス

壓克力70%
羊毛（使用防縮加工羊毛）30%
50g／球（約120m）
色數31色
棒針6～7號 鉤針5/0號

i

Hamanaka Paume〈無垢綿〉Baby

棉（Pure Organic Cotton）100%
25g／球（約70m）
色數1色
棒針5～6號 鉤針5/0號

j

Hamanaka Paume Baby Color

棉（Pure Organic Cotton）100%
25g／球（約70m）
色數10色
棒針5～6號 鉤針5/0號

k

DARUMA Hemp String

指定外纖維（Hemp）100%
40m
色數10色
鉤針5/0～6/0號

l

DARUMA 蕾絲線 #20

棉（Supima）100%
50g／球（約210m）
色數18色
鉤針2/0～3/0號

m

DARUMA
Cotton Crochet Large

棉100%
50g／球（約167m）
色數19色
棒針3～4號 鉤針3/0～4/0號

n

Olympus
Emmy Grande〈House〉

棉100%
25g／球（約74m）
色數22色
鉤針3/0～4/0號

o

Olympus
Cotton Novia〈Varie〉

棉（埃及棉）100%
30g／球（約97m）
色數16色
棒針3～5號 鉤針4/0～5/0號

<<< **使用線材** >>>
Olympus Cotton Novia〈Varie〉
　8　原色（2）30g
　9　淺綠（7）25g
　　　原色（2）少許
10　淺褐（15）20g
　　　褐色（13）3g

<<< **其他材料** >>>
拉鍊（10cm）各一條
25號繡線（黑色）適量
僅8·9
眼睛釦（5mm·黑）各2個

<<< **工具** >>>
鉤針　4/0號
<<< **完成尺寸** >>>
　8　高13cm　寬12cm
　9　高13.5cm　寬12cm
10　高12.5cm　寬12cm

<<< **織法** >>>
1. 輪狀起針，以短針鉤織本體與眼白（僅9）。
2. 在本體上挑針，以短針鉤織8·10的耳朵與9的眼周。
3. 鎖針起針，以短針鉤織鼻周吻部（僅8）。
4. 繡縫臉部表情，8·9縫上眼睛釦。
5. 接縫各部位，縫上拉鍊即完成。

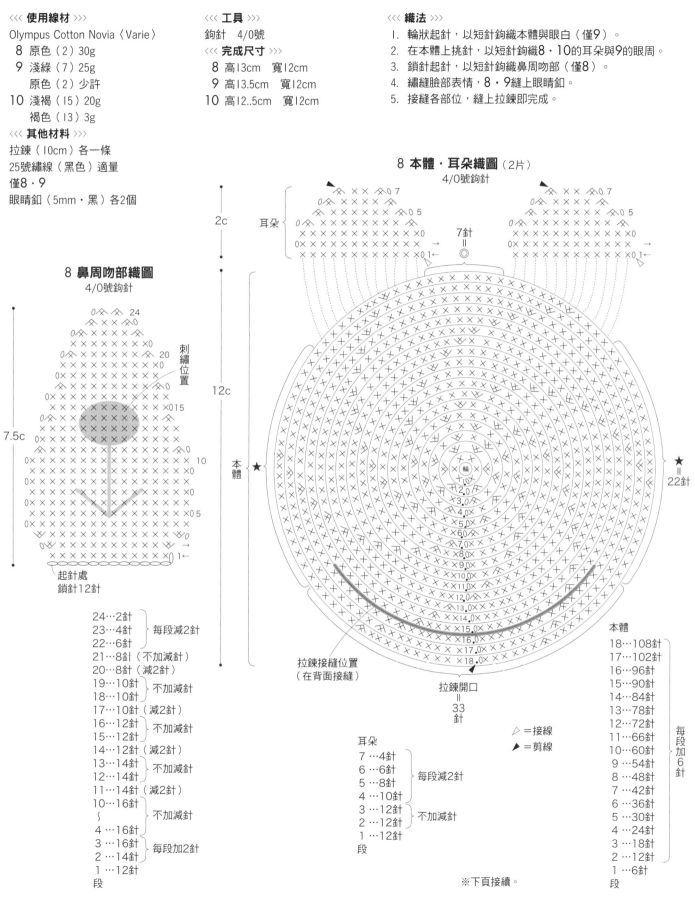

8 本體·耳朵織圖（2片）
4/0號鉤針

8 鼻周吻部織圖
4/0號鉤針

刺繡位置

起針處
鎖針12針

24…2針
23…4針　每段減2針
22…6針
21…8針（不加減針）
20…8針（減2針）
19…10針
18…10針　不加減針
17…10針（減2針）
16…12針
15…12針　不加減針
14…12針（減2針）
13…14針
12…14針　不加減針
11…14針（減2針）
10…16針
　〜　不加減針
4 …16針
3 …16針　每段加2針
2 …14針
1 …12針
段

本體

拉鍊接縫位置
（在背面接縫）

拉鍊開口
=
33
針

▷ =接線
► =剪線

耳朵
7 …4針
6 …6針　每段減2針
5 …8針
4 …10針
3 …12針　不加減針
2 …12針
1 …12針
段

本體
18…108針
17…102針
16…96針
15…90針
14…84針
13…78針
12…72針
11…66針
10…60針　每段加6針
9 …54針
8 …48針
7 …42針
6 …36針
5 …30針
4 …24針
3 …18針
2 …12針
1 …6針
段

※下頁接續。

9 本體・眼周織圖（2片）
淺綠　4/0號鉤針

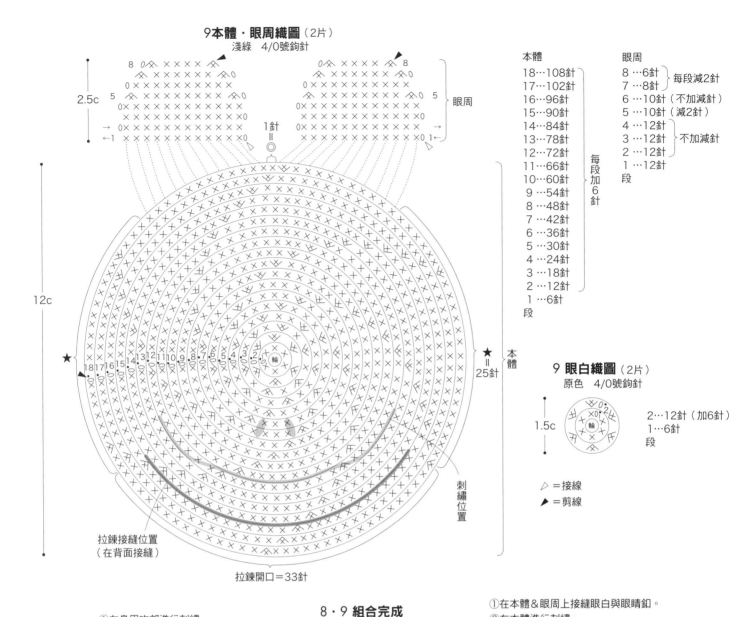

本體	眼周
18…108針	8 …6針 ⎫
17…102針	7 …8針 ⎬ 每段減2針
16…96針	6 …10針（不加減針）
15…90針	5 …10針（減2針）
14…84針	4 …12針 ⎫
13…78針	3 …12針 ⎬ 不加減針
12…72針 每段加6針	2 …12針 ⎭
11…66針	1 …12針
10…60針	段
9 …54針	
8 …48針	
7 …42針	
6 …36針	
5 …30針	
4 …24針	
3 …18針	
2 …12針	
1 …6針	
段	

2.5c

12c

眼周

1針
‖

★ = 25針　本體

拉鍊接縫位置
（在背面接縫）

刺繡位置

拉鍊開口＝33針

9 眼白織圖（2片）
原色　4/0號鉤針

1.5c

2…12針（加6針）
1…6針
段

▷ ＝接線
▶ ＝剪線

8・9 組合完成

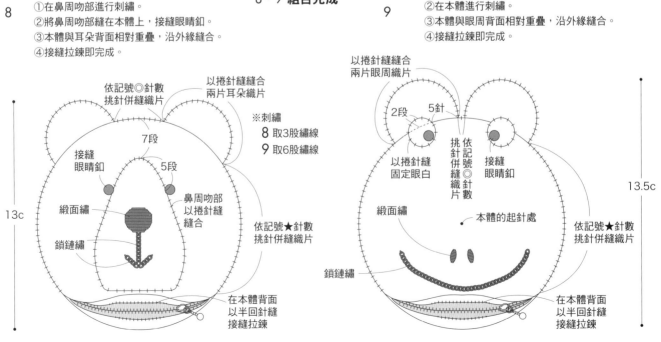

8
①在鼻周吻部進行刺繡。
②將鼻周吻部縫在本體上，接縫眼睛釦。
③本體與耳朵背面相對重疊，沿外緣縫合。
④接縫拉鍊即完成。

9
①在本體＆眼周上接縫眼白與眼睛釦。
②在本體進行刺繡。
③本體與眼周背面相對重疊，沿外緣縫合。
④接縫拉鍊即完成。

依記號◎針數挑針併縫織片

以捲針縫縫合兩片耳朵織片

7段

5段

接縫眼睛釦

緞面繡

鎖鏈繡

鼻周吻部以捲針縫縫合

※刺繡
8 取3股繡線
9 取6股繡線

依記號★針數挑針併縫織片

13c

在本體背面以半回針縫接縫拉鍊

以捲針縫縫合兩片眼周織片

2段

5針

挑針併縫依記號◎針數織片

接縫眼睛釦

以捲針縫固定眼白

緞面繡

本體的起針處

鎖鏈繡

依記號★針數挑針併縫織片

13.5c

在本體背面以半回針縫接縫拉鍊

10 本體・耳朵織圖（2片）

4/0號鉤針

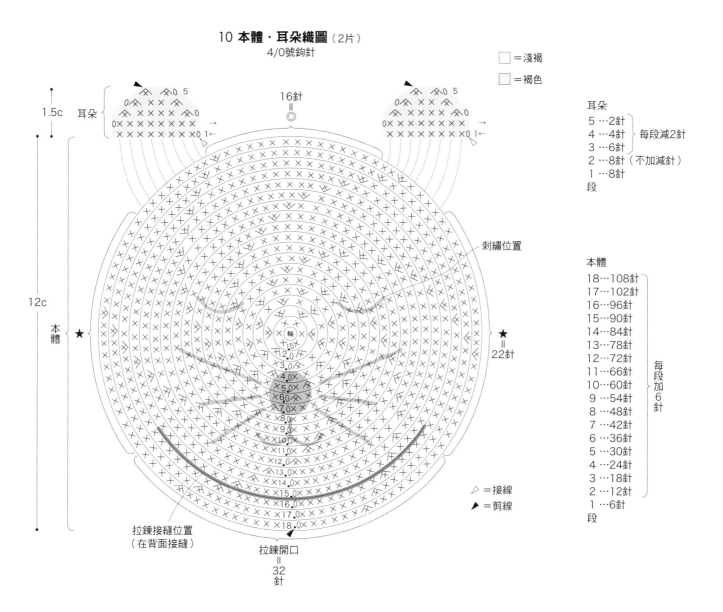

□ =淺褐
□ =褐色

耳朵
5 …2針
4 …4針 ┐每段減2針
3 …6針
2 …8針（不加減針）
1 …8針
段

16針
=
◎

刺繡位置

★ =22針

本體
18…108針
17…102針
16…96針
15…90針
14…84針
13…78針
12…72針
11…66針
10…60針
9 …54針
8 …48針   每段加6針
7 …42針
6 …36針
5 …30針
4 …24針
3 …18針
2 …12針
1 …6針
段

1.5c 耳朵

12c

本體

★

▷ =接線
► =剪線

拉鍊接縫位置
（在背面接縫）

拉鍊開口
=
32
針

10 組合完成

①在本體進行刺繡。
②本體與耳朵背面相對重疊，沿外緣縫合。
③接縫拉鍊即完成。

※刺

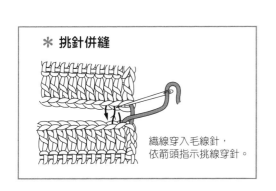

＊ 挑針併縫

織線穿入毛線針，
依箭頭指示挑線穿針。

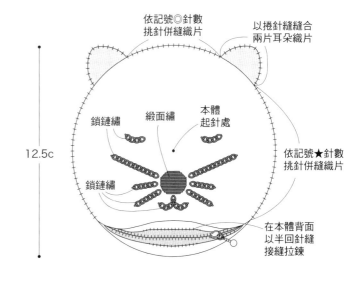

依記號◎針數
挑針併縫織片

以捲針縫縫合
兩片耳朵織片

12.5c

鎖鏈繡

緞面繡

本體
起針處

依記號★針數
挑針併縫織片

鎖鏈繡

在本體背面
以半回針縫
接縫拉鍊

<<< **使用線材** >>>
Hamanaka Wash Cotton
1 水藍（26）25g
　　原色（2）10g
2 焦茶色（38）25g
　　原色（2）10g

<<< **其他材料** >>>
拉鍊（14cm）各1條

<<< **工具** >>>
鉤針　4/0號

<<< **密度（10cm正方形）** >>>
短針　26針　27段
花樣編　26針　12.5段

<<< **完成尺寸** >>>
高10cm　寬15cm

<<< **織法** >>>
1. 鎖針起針，以短針的輪編鉤織袋底。
2. 接著以花樣編‧短針‧逆短針進行袋身的輪編。
3. 接縫拉鍊即完成。

波奇包
4/0號鉤針

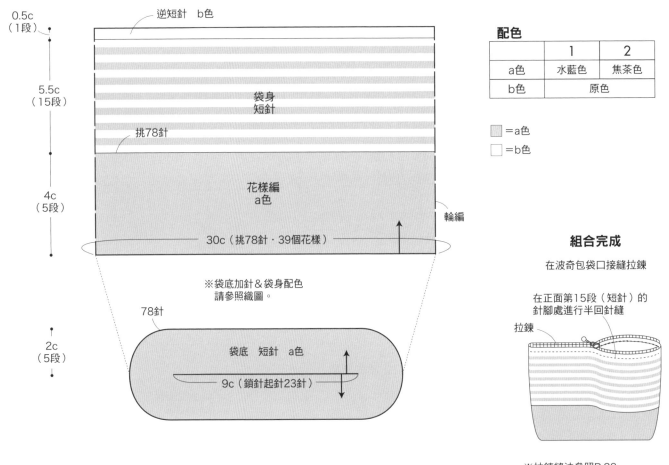

逆短針　b色

0.5c（1段）

5.5c（15段）

挑78針

袋身
短針

4c（5段）

花樣編
a色

30c（挑78針‧39個花樣）

輪編

※袋底加針&袋身配色
請參照織圖。

78針

2c（5段）

袋底　短針　a色

9c（鎖針起針23針）

配色

	1	2
a色	水藍色	焦茶色
b色	原色	

　=a色
　=b色

組合完成

在波奇包袋口接縫拉鍊

在正面第15段（短針）的
針腳處進行半回針縫

拉鍊

※拉鍊縫法參照P.28
照片步驟說明。

〇 **鎖針起針**

① 鉤針從內側抵
　住織線，依箭
　頭指示扭轉一
　圈。

② 織線形成線圈掛在針
　上。以左手按住織線
　交叉處，鉤針如圖掛
　線鉤出。

③ 鉤針掛線鉤出。

④ 重複同樣
　作法鉤織
　鎖針。

波奇包織圖

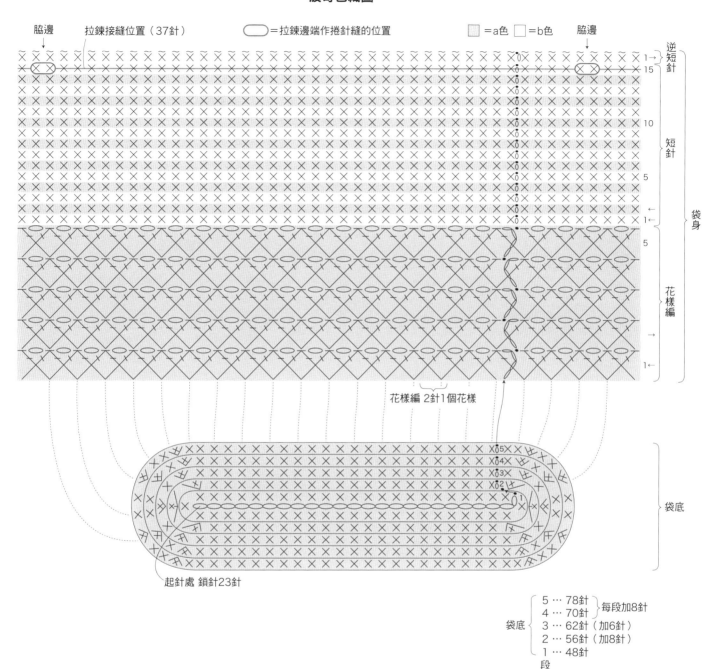

脇邊　拉鍊接縫位置（37針）　◯＝拉鍊邊端作捲針縫的位置　▨＝a色　▢＝b色　脇邊

逆短針
短針
花樣編
袋身

花樣編 2針1個花樣

袋底

起針處 鎖針23針

袋底 {
5 … 78針 } 每段加8針
4 … 70針
3 … 62針（加6針）
2 … 56針（加8針）
1 … 48針
段
}

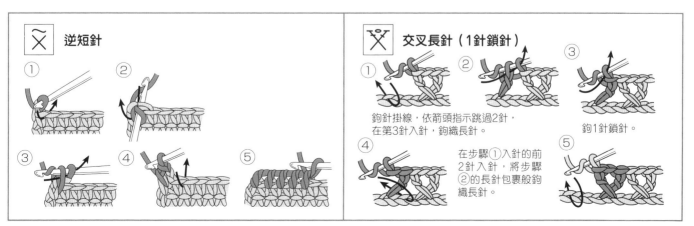

逆短針

① ② ③ ④ ⑤

交叉長針（1針鎖針）

① ② ③

鉤針掛線，依箭頭指示跳過2針，
在第3針入針，鉤織長針。

鉤1針鎖針。

④ ⑤

在步驟①入針的前
2針入針，將步驟
②的長針包裹般鉤
織長針。

37

<<< **使用線材** >>>
3 Hamanaka Paume〈無垢綿〉Baby
 原色（11）35g
4 Hamanaka Paume Baby color
 紫色（304）25g
 深黃綠（302）10g
<<< **其他材料** >>>
Hamanaka 彈簧口金（大・H207-014・約13×1.5cm）各1個
布（18×24cm）各1片
<<< **工具** >>>
棒針2枝 4號、3號

<<< **密度（10cm正方形）** >>>
花樣編 30.5針 37.5段
<<< **完成尺寸** >>>
高13cm 寬16cm
<<< **織法** >>>
1. 手指繞線起針後，以扭針1針鬆緊針，花樣編進行波奇包的編織，最終段織套收針。
2. 扭針1針鬆緊針的部分對摺，在織片背面進行藏針縫。
3. 波奇包織片對摺，挑針併縫脇邊。
4. 製作內袋，接縫在波奇包內側。
5. 穿入彈簧口金的彈片，組裝完成。

波奇包

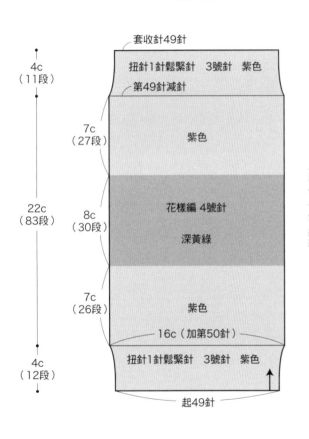

套收針49針
扭針1針鬆緊針 3號針 紫色
第49針減針
4c（11段）
7c（27段）
紫色
22c（83段）
8c（30段）
花樣編 4號針
深黃綠
7c（26段）
紫色
16c（加第50針）
扭針1針鬆緊針 3號針 紫色
4c（12段）
起49針
※3全部使用原色編織。

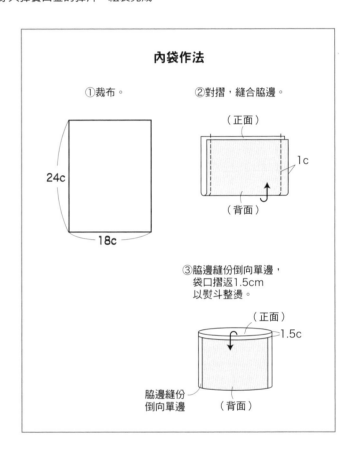

內袋作法

①裁布。
②對摺，縫合脇邊。
（正面）
24c
18c
1c
（背面）

③脇邊縫份倒向單邊，袋口摺返1.5cm以熨斗整燙。
（正面）
1.5c
脇邊縫份倒向單邊
（背面）

組合完成

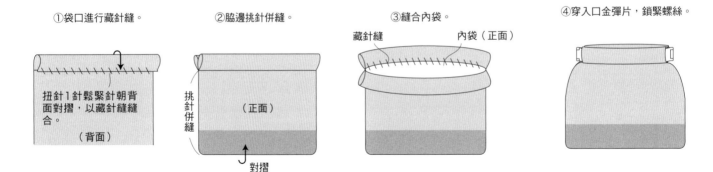

①袋口進行藏針縫。
扭針1針鬆緊針朝背面對摺，以藏針縫縫合。
（背面）

②脇邊挑針併縫。
挑針併縫
（正面）
對摺

③縫合內袋。
藏針縫
內袋（正面）

④穿入口金彈片，鎖緊螺絲。

波奇包織圖

□=紫色　■=深黃綠　☒=扭針　☒=扭加針　□=□ 省略上針記號

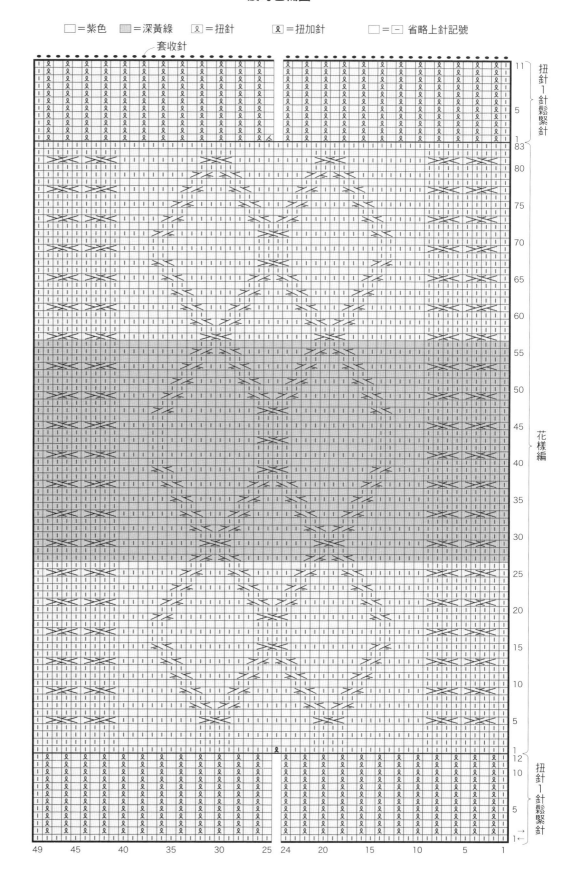

套收針

編織需要套收長度
4～5倍的線材。

織2針。

左棒針挑起第一針，
套住第二針。

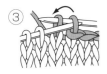
「重複織1針再套住
前一針」的步驟。

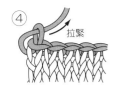
織線穿入最後的
針目，收緊。

39

<<< **使用線材** >>>

Hamanaka Wash Cotton

5 粉紅（35）20g
　　茶色（23）10g
6 淺灰（20）20g
　　綠色（30）10g

<<< **其他材料** >>>

Hamanaka口金框

5（H207-004-1・約寬7.5×高4cm・金）1個
6（H207-004-2・約寬7.5×高4cm・銀）1個

<<< **工具** >>>

鉤針　4/0號

<<< **完成尺寸** >>>

高約9.5cm　寬約11.5cm

<<< **織法** >>>

1. 繞線作輪狀起針，以短針鉤織本體。
2. 接縫口金框即完成。

段	色	針數	針數的加減
32	a色	72	
31		72	
30		72	
29		72	
28	b色	72	
27		72	
26	a色	72	
25		72	
24	b色	72	
23		72	不加減針
22	a色	72	
21		72	
20	b色	72	
19		72	
18	a色	72	
17		72	
16	b色	72	
15		72	
14	a色	72	
13		72	
12	b色	72	
11		66	
10	a色	60	
9		54	
8	b色	48	
7		42	每段加6針
6	a色	36	
5		30	
4	b色	24	
3		18	
2	a色	12	
1		6	輪中鉤6針

配色

	5	6
a色	粉紅	淺灰
b色	茶色	綠色

本體織圖

4/0號鉤針

□ ＝a色
▨ ＝b色

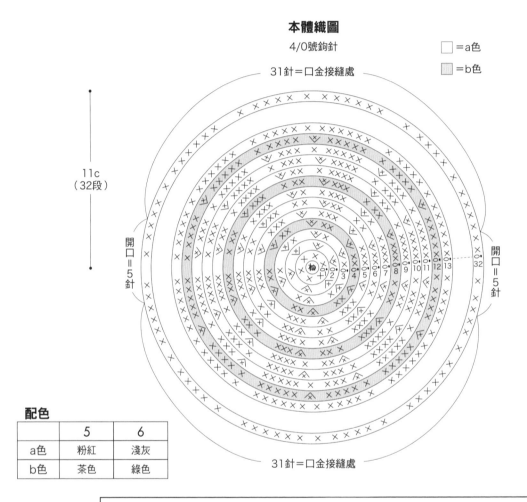

31針＝口金接縫處

11c（32段）

開口＝5針

開口＝5針

31針＝口金接縫處

組合完成

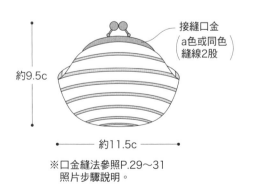

接縫口金
（a色或同色
縫線2股）

約9.5c

約11.5c

※口金縫法參照P.29〜31
照片步驟說明。

組合完成

7

②在重疊的
裝飾片中夾入
拉鍊頭，縫合
固定。

①兩裝飾片背面相對疊
合，在背面挑針進行
藏針縫，縫合時注意
別讓正面露出縫線。

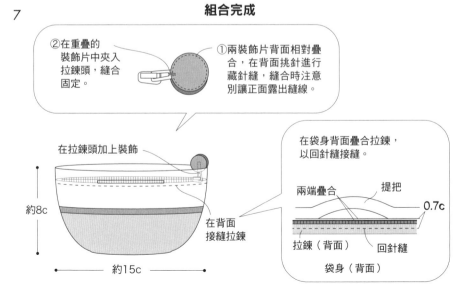

在拉鍊頭加上裝飾

約8c

在背面
接縫拉鍊

約15c

在袋身背面疊合拉鍊，
以回針縫接縫。

兩端疊合

提把

0.7c

拉鍊（背面）

回針縫

袋身（背面）

<<< **使用線材** >>>
Hamanaka Wash Cotton
芥末黃（27）20g
原色（2）15g
紫色（15）5g

<<< **其他材料** >>>
拉鍊（15cm）1條

<<< **工具** >>>
鉤針　4/0號

<<< **完成尺寸** >>>
高約8cm　寬約15cm

<<< **織法** >>>
1. 繞線作輪狀起針，以短針鉤織袋底。
2. 繼續以輪編的短針、鎖針鉤織袋身和提把。
3. 接縫拉鍊。
4. 繞線作輪狀起針，鉤織拉鍊頭裝飾，接縫在拉鍊上即可。

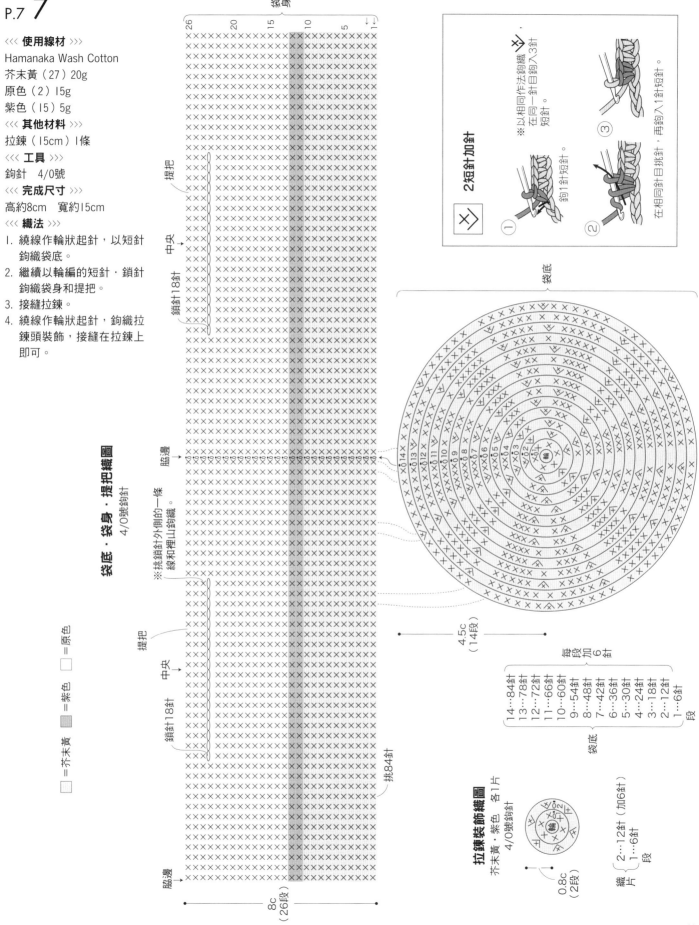

袋身

提把

中央

鎖針18針

脇邊

※挑鎖針外側的一條線和裡山鉤織。

袋底・袋身・提把織圖
4/0號鉤針

提把

中央

鎖針18針

挑84針

脇邊

8c（26段）

□ =芥末黃　■ =紫色　▨ =原色

2短針加針

※以相同作法鉤織，在同一針目鉤入3針短針。

① 鉤1針短針。

② 在相同針目挑針，再鉤入1針短針。

③

袋底

4.5c（14段）

每段加6針

14…84針
13…78針
12…72針
11…66針
10…60針
9…54針
8…48針
7…42針
6…36針
5…30針
4…24針
3…18針
2…12針
1…6針
段
袋底

拉鍊裝飾織圖
芥末黃・紫色　各1片
4/0號鉤針

0.8c（2段）

織片 { 2…12針（加6針）
1…6針
段

41

<<< **使用線材** >>>
Hamanaka 亞麻線〈Linen〉
紅色（7）55g
淺褐（17）40g

<<< **工具** >>>
鉤針　5/0號

<<< **完成尺寸** >>>
寬24cm　高25cm

<<< **織法** >>>
1. 繞線作輪狀起針，以短針・花樣編・緣編鉤本體。
2. 鉤織鎖針作為束口繩，依圖示穿入本體。
3. 繞線作輪狀起針，鉤織線球接在束口繩兩端。

本體
5/0號鉤針

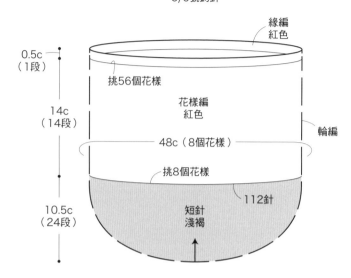

※加針方式參照織圖。

束口繩織圖（2條）
淺褐　5/0號鉤針

53c（鎖針110針）

組合完成

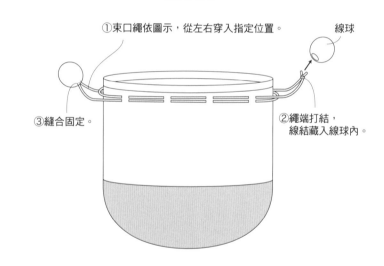

①束口繩依圖示，從左右穿入指定位置。
線球
③縫合固定。
②繩端打結，
線結藏入線球內。

線球織圖（2顆）
紅色　5/0號鉤針

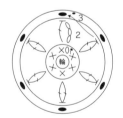

繞線作輪狀起針

※圖示解說為
　第1段鉤短針
　的情況。

①
織線在手指
繞2圈。

②
鉤針穿入輪中，掛線後鉤出。

③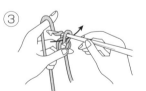
鉤針掛線，依箭頭指示
作引拔。

④
立起針的
鎖針1針
鉤織第1段立起針的鎖針，鉤針穿入輪
中，掛線後如圖示鉤出，鉤織短針。

⑤
在輪中鉤入必要的針數，
接著拉動線圈其中一條線，
收緊線圈。

⑥
拉動線端，將另一個
線圈也收緊。

⑦
鉤針依箭頭指示穿入第1
針的短針，鉤引拔針。

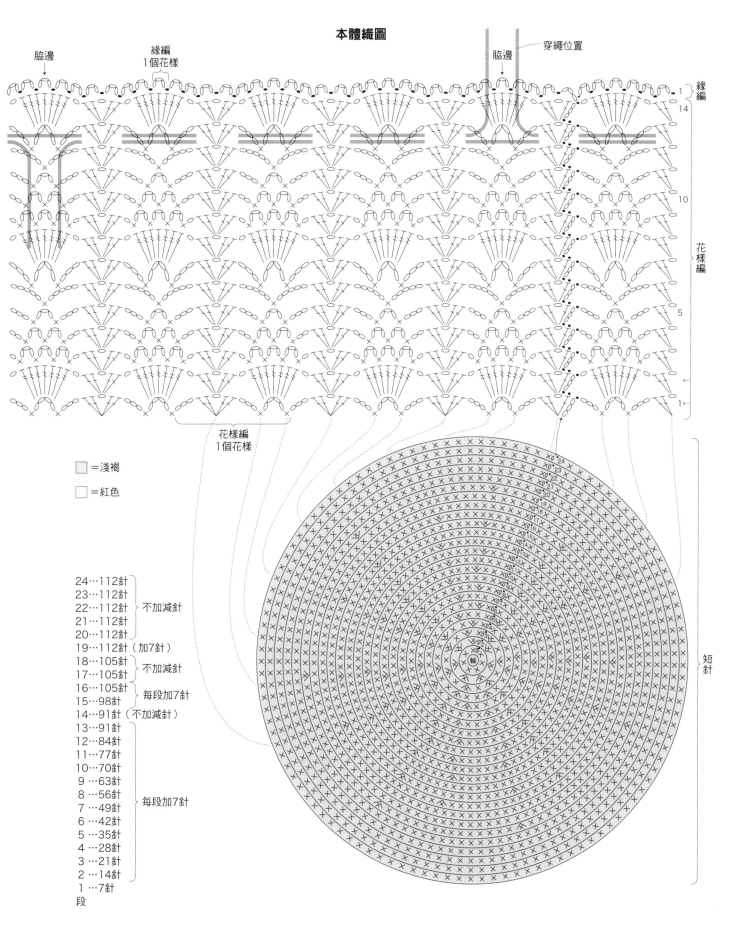

本體織圖

脇邊　　緣編　　　　　　　　　　　　　　脇邊　　穿繩位置
1個花樣

緣編 1
14

花樣編

10

5

1

花樣編
1個花樣

□=淺褐
□=紅色

24…112針
23…112針
22…112針　不加減針
21…112針
20…112針
19…112針（加7針）
18…105針　不加減針
17…105針
16…105針　每段加7針
15…98針
14…91針（不加減針）
13…91針
12…84針
11…77針
10…70針
9 …63針
8 …56針
7 …49針　每段加7針
6 …42針
5 …35針
4 …28針
3 …21針
2 …14針
1 …7針
段

短針

<<< **使用線材** >>>

Hamanaka Cotton Nottoc
灰色（20）15g
深粉紅（3）10g
茶色（9）3g
藍色（4）少許

<<< **其他材料** >>>

拉鍊（10cm）1條
25號繡線（芥末黃）適量

<<< **工具** >>>

鉤針　4/0號

<<< **密度（10cm正方形）** >>>

短針‧短針的畝針　25針　32段

<<< **完成尺寸** >>>

高12.5cm　寬約15cm

<<< **織法** >>>

1. 鎖針起針，以輪編的短針進行牆壁的鉤織。
2. 接著以短針的畝針＆引拔針的筋編鉤織屋頂。
3. 繡縫窗戶和大門的輪廓。
4. 袋底疊合作捲針縫。
5. 接縫拉鍊。
6. 鎖針起針接合成圈，鉤織鑰匙形狀的織片，
   接縫在拉鍊頭上即完成。

本體
4/0號鉤針

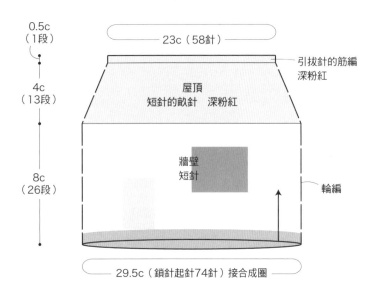

0.5c（1段）
4c（13段）
8c（26段）

23c（58針）

引拔針的筋編
深粉紅

屋頂
短針的畝針　深粉紅

牆壁
短針

輪編

29.5c（鎖針起針74針）接合成圈

※短針的配色＆屋頂的減針請參照織圖。

組合完成

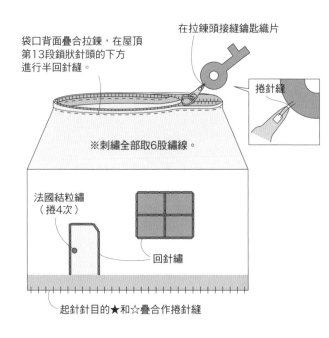

袋口背面疊合拉鍊，在屋頂
第13段鎖狀針頭的下方
進行半回針縫。

在拉鍊頭接縫鑰匙織片

捲針縫

※刺繡全部取6股繡線。

法國結粒繡
（捲4次）

回針繡

起針針目的★和☆疊合作捲針縫

✽織入花樣（縱向渡線的方法）

在織片背面交互替換A色和B色線鉤織。由於換色鉤織時會輪流使用色線，請準備好在一段中會使用到的所有色線線球。

①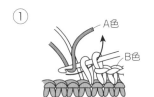

A色
B色

即將完成換色前的針目時，
就從B色換成A色掛線。

②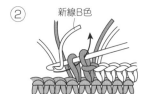

新線B色

以A色鉤織必要針數。即將完
成最後的針目時，換成B色
線。

③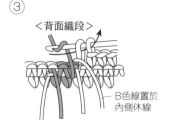

＜背面織段＞

B色線置於
內側休線

看著背面鉤織的織段，在完成
換色前的針目時，將正在使用
織線放在內側休針，改換下一
色掛線。

④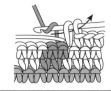

＜正面織段＞

看著正面鉤織的織段，在完成
換色前的針目時，依圖示先將A
色和B色織線在背面交叉，再改
掛另一色線。

⑤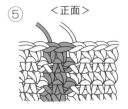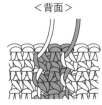

＜正面＞　　＜背面＞

背面以縱向方式渡線。

本體織圖

色彩圖例：
□ =灰色　■ =藍色
■ =茶色　□ =深粉紅

引拔針的筋編

短針的畝針

短針

1（58針）
13（58針）
（62針）
10
（66針）
5
（70針）
1（74針）
26
20
15
10
5
1←
↑↓

脇邊

拉鍊接縫位置＝28針

拉鍊接縫位置＝28針

脇邊

※短針的4～21段
為織入花樣。
（縱向渡線）

＝回針繡位置
● ＝法國結粒繡位置

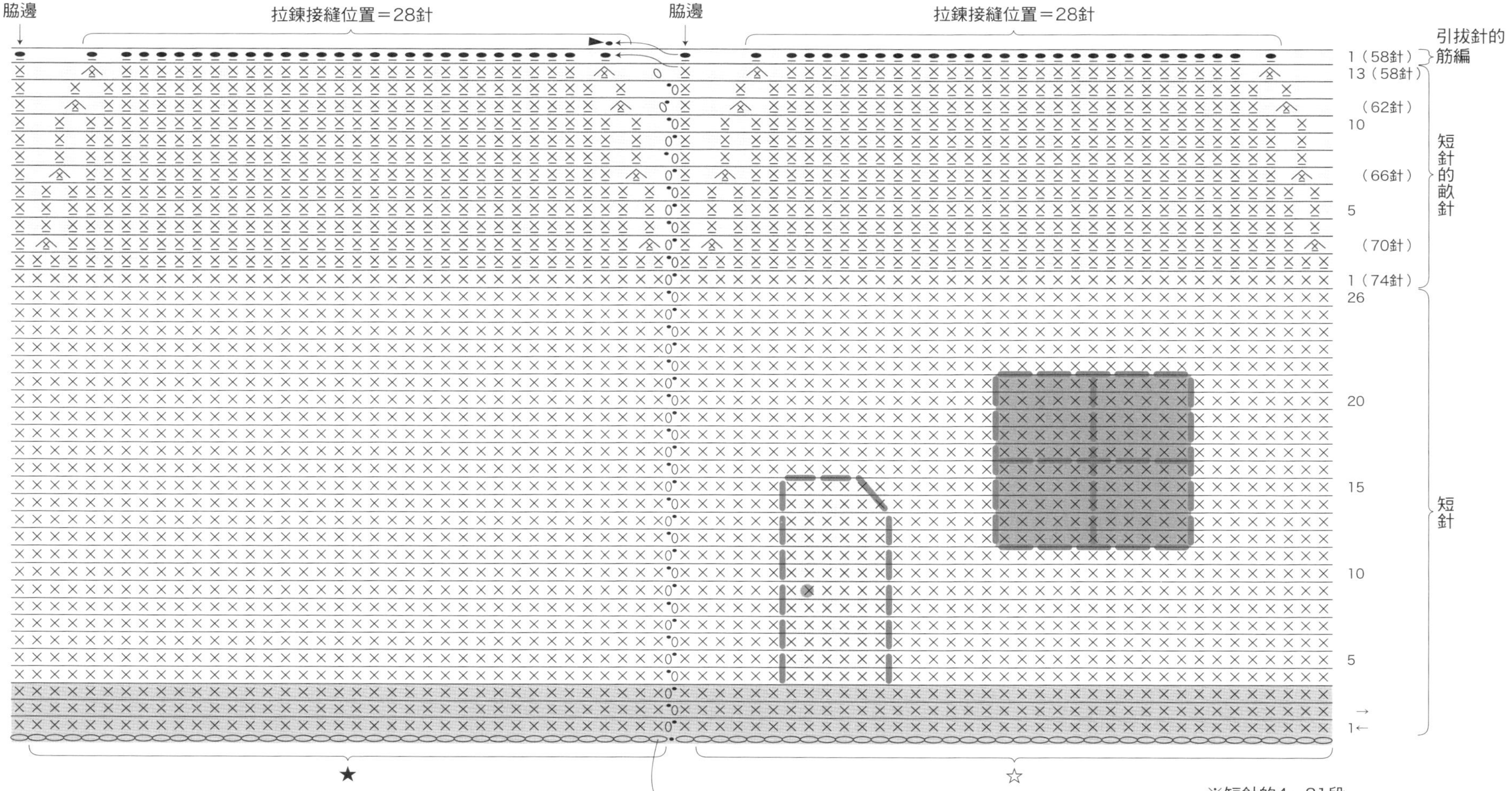

起針　鎖針起針47針，接合成圈。

☆

★

※第1段的短針，挑起針的鎖針的外側1條線和裡山。
※第2段的短針，入針位置和第1段相同，一邊將第1段包裹起來一邊鉤織。

鑰匙狀織片
織圖
茶色　4/0號鉤針

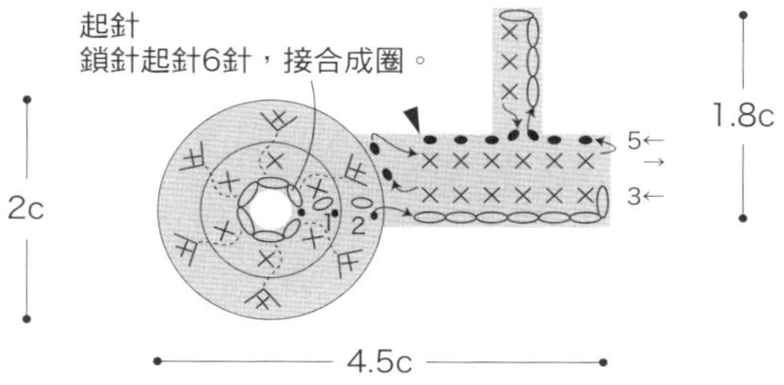

起針
鎖針起針6針，接合成圈。

1.8c

4.5c

2c

5←
3←
2

45

<<< **使用線材** >>>
Olympus
Emmy Grande〈House〉
18 水藍（H13）20g
　　粉紅（H10）3g
　　藍色（H14）3g
19 黃綠（H11）20g
　　黃色（H8）3g
　　橘色（H9）3g

<<< **其他材料** >>>
拉鍊（12cm）各1條
<<< **工具** >>>
鉤針 3/0號
<<< **密度（10cm正方形）** >>>
短針的筋編 31針 26段
<<< **完成尺寸** >>>
寬19cm 高12cm

<<< **織法** >>>
1. 鎖針起針，以輪編的短針筋編鉤織本體。
2. 在本體挑針，以輪編的短針筋編鉤織頭部，最終段縮口束緊。
3. 以引拔針的筋編鉤織袋口緣編。
4. 接縫拉鍊。
5. 繞線作輪狀起針，以短針鉤織鳥喙，接縫於本體。

＊織入花樣（包裹線材編織的方法）
鉤織短針為例　使用a色線鉤織短針時，一併將b色線包入其中。

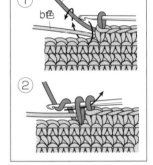

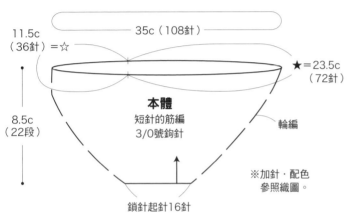

35c（108針）
11.5c（36針）＝☆
8.5c（22段）
★＝23.5c（72針）
本體
短針的筋編
3/0號鉤針
輪編
鎖針起針16針
※加針・配色參照織圖。

配色

	18	19
A色	水藍	黃綠
B色	粉紅	黃色
C色	藍色	橘色

本體&頭部織圖

9 …6針（減6針）
8 …12針
7 …16針
6 …20針
5 …24針　每段減4針
4 …28針
3 …32針
2 …36針（不加減針）
1 …36針
段

頭

前中央

☆

★

本體

起針
鎖針16針

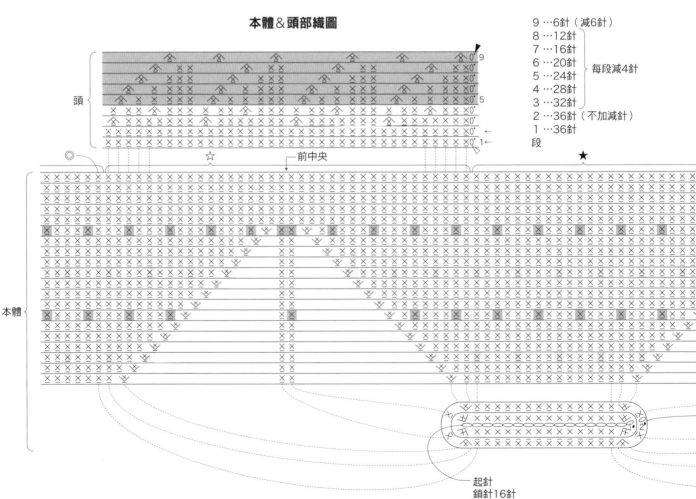

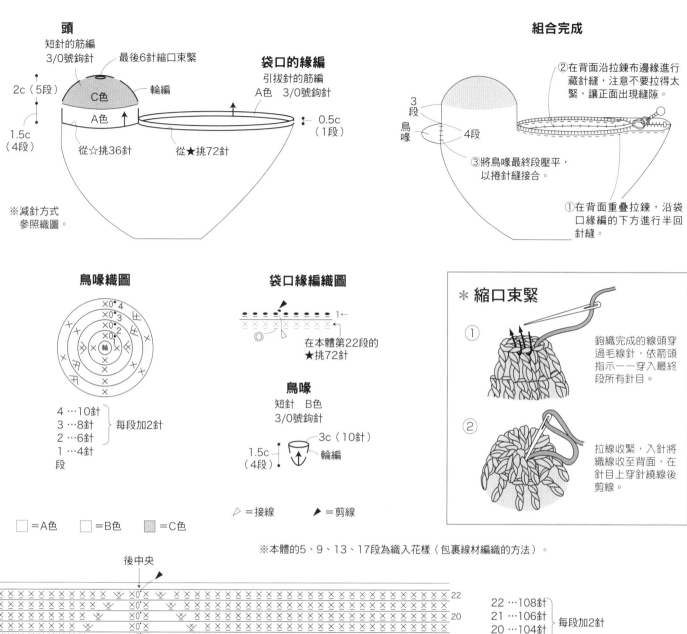

頭
短針的筋編
3/0號鉤針
最後6針縮口束緊
輪編
C色
A色
2c（5段）
1.5c（4段）
從☆挑36針
從★挑72針
※減針方式參照織圖。

袋口的緣編
引拔針的筋編
A色　3/0號鉤針
0.5c（1段）

組合完成
②在背面沿拉鍊布邊緣進行藏針縫，注意不要拉得太緊，讓正面出現縫隙。
3段
鳥喙
4段
③將鳥喙最終段壓平，以捲針縫接合。
①在背面重疊拉鍊，沿袋口緣編的下方進行半回針縫。

鳥喙織圖
×0·4
×0·3
×0·2
輪
4 …10針
3 …8針
2 …6針
1 …4針
段
每段加2針

袋口緣編織圖
1←
在本體第22段的★挑72針

鳥喙
短針　B色
3/0號鉤針
3c（10針）
1.5c（4段）
輪編

＊縮口束緊
①
鉤織完成的線頭穿過毛線針，依箭頭指示一一穿入最終段所有針目。
②
拉線收緊，入針將織線收至背面，在針目上穿針繞線後剪線。

▷ ＝接線　　▶ ＝剪線

□＝A色　　□＝B色　　▨＝C色

※本體的5、9、13、17段為織入花樣（包裹線材編織的方法）。

後中央

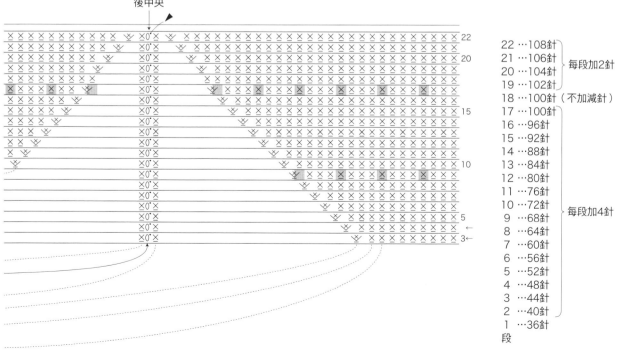

22 …108針
21 …106針
20 …104針
19 …102針
18 …100針（不加減針）
17 …100針
16 …96針
15 …92針
14 …88針
13 …84針
12 …80針
11 …76針
10 …72針
9 …68針
8 …64針
7 …60針
6 …56針
5 …52針
4 …48針
3 …44針
2 …40針
1 …36針
段

每段加2針

每段加4針

<<< **使用線材** >>>
Hamanaka Wash Cotton〈Crochet〉
淺橘（134）30g
橘色（128）15g
茶色（138）5g

<<< **其他材料** >>>
Hamanaka 包包用口金
（H207-007・寬約12.5×高約7cm・古典）1個

<<< **工具** >>>
鉤針　3/0號

<<< **完成尺寸** >>>
寬約14.5cm　高約12cm

<<< **織法** >>>
1. 繞線作輪狀起針，鉤織花樣織片A。
2. 第2片以後一邊鉤織最終段，一邊和相鄰織片接合，
　 完成織片A・B總計26片。
3. 在本體上挑針，鉤織袋口處的短針。
4. 接縫口金。

織片拼接方式
※依數字順序鉤織接合織片。

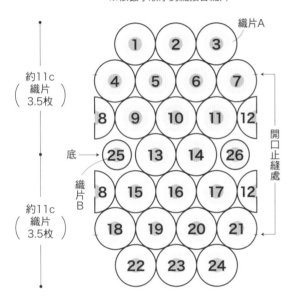

織片A

約11c（織片3.5枚）
開口止縫處
底
織片B
約11c（織片3.5枚）

約14.5c（織片4枚）

織片A的織圖（24片）
3/0號鉤針

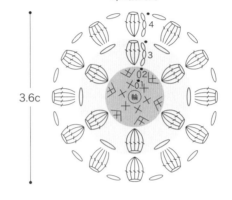

3.6c

織片B的織圖（2片）
3/0號鉤針

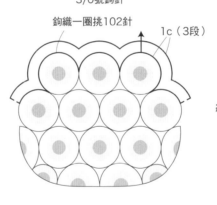

2.8c

袋口
短針　淺橘
3/0號鉤針

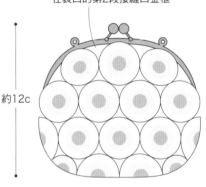

鉤織一圈挑102針
1c（3段）

組合完成

在袋口的第2段接縫口金框

約12c

※口金接縫方法參照P.29。

織片A・B配色

	織片A	織片B
1・2段	茶色	
3段	橘色	
4段	淺橘	

袋口織圖

× × × × × × × × × × ×0× × × × × × 3
× × × × × × × × × × ×0× × × × × × →
× × × × × × × × × × ×0× × × × × × 1←

  5長針的爆米花針　※ 為鉤織3針長針，其餘作法相同。

① 鉤織5針長針，如圖示先暫時抽出鉤針，再重新入針。

② 如箭頭所示，引拔拉出線圈。

③ 鉤針掛線，依箭頭指示再次引拔。

④ 完成5長針的爆米花針。

織片接法&緣編織圖

※挑箭頭前端的織片針目鉤引拔針接合。

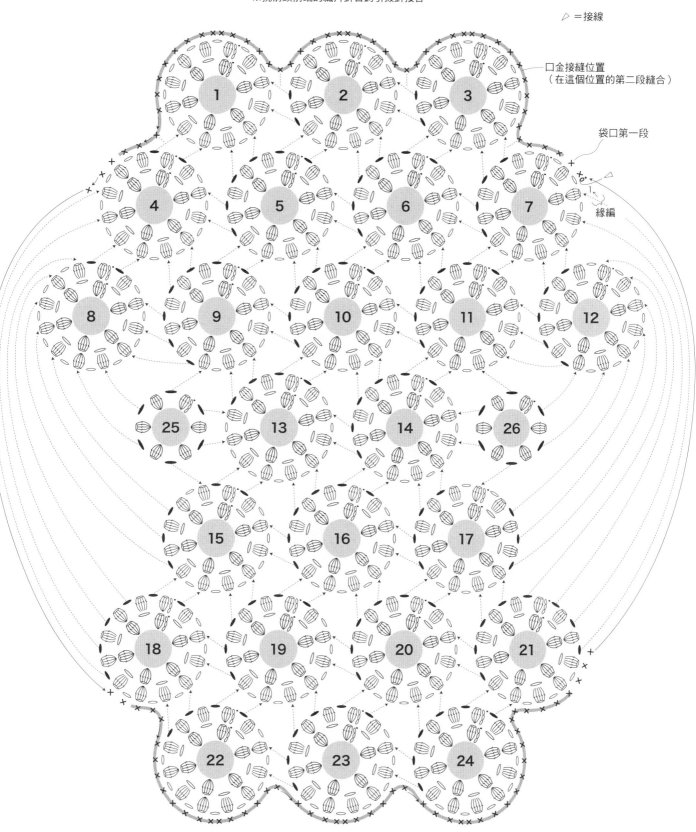

▷＝接線

口金接縫位置
（在這個位置的第二段縫合）

袋口第一段

緣編

<<< **使用線材** >>>
Hamanaka Wash Cotton
芥末黃（27）70g

<<< **其他材料** >>>
拉鍊（18cm）1條

<<< **工具** >>>
鉤針 4/0號

<<< **密度（10cm正方形）** >>>
花樣編 26針 20.5段

<<< **完成尺寸** >>>
寬23cm 高8cm

<<< **織法** >>>
1. 鎖針起針，以花樣編鉤織本體。
2. 在本體兩側的脇邊挑針，鉤織緣編。
3. 繞線作輪狀起針，以長針鉤織側面。
4. 繞線作輪狀起針，鉤織花朵織片。
5. 在本體接縫拉鍊。
6. 將本體・側面・花朵織片疊合作短針併縫。

側面（2片）
長針
4/0號鉤針

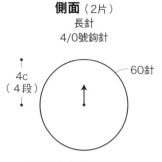

4c
（4段）

60針

※加針方式參照織圖。

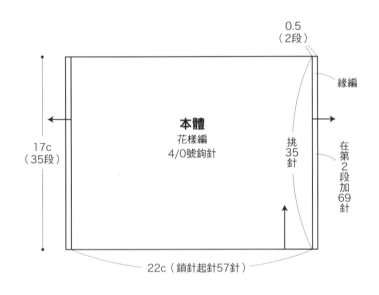

0.5
（2段）

緣編

本體
花樣編
4/0號鉤針

17c
（35段）

挑
35
針

在第2段加69針

22c（鎖針起針57針）

側面織圖

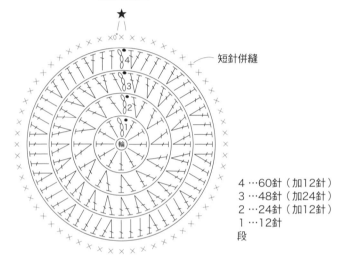

★

短針併縫

4 …60針（加12針）
3 …48針（加24針）
2 …24針（加12針）
1 …12針
段

組合完成

①在本體接縫拉鍊。

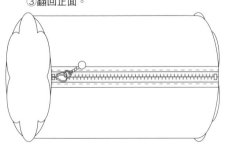

在背面重疊拉鍊，
沿緣編第2段的短針針頭
下方進行半回針縫。

拉鍊

本體（正面）

③翻回正面。

②將本體翻至背面在外，短針併縫接合側面與花朵織片，
拉鍊布邊端以藏針縫固定。

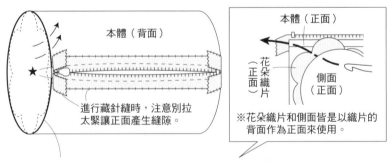

本體（背面）

★

進行藏針縫時，注意別拉
太緊讓正面產生縫隙。

本體（正面）

花朵織片（正面）

側面（正面）

※花朵織片和側面皆是以織片的
背面作為正面來使用。

重疊本體、花朵織片、側面，三片疊合一起鉤短針（59針）。
※★部分僅從花朵織片和側面這兩片挑針（1針）。

短針併縫 鉤針挑針目上的鎖狀針頭，鉤織短針。

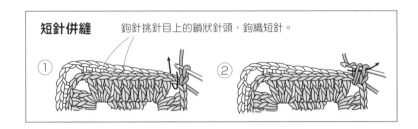

① ②

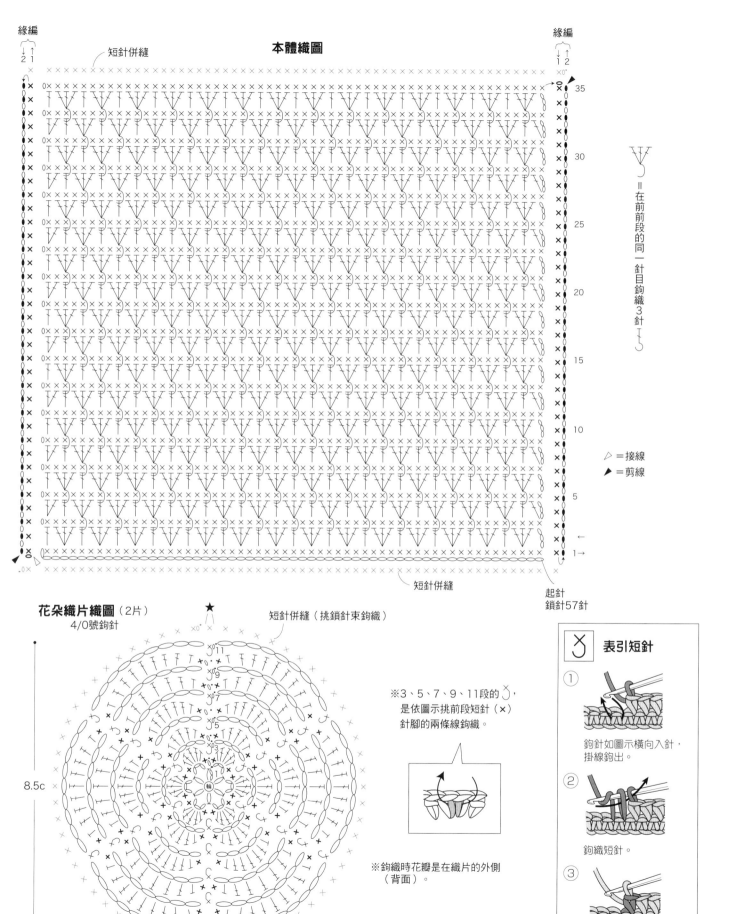

本體織圖

緣編
↓ ↑
2 1

短針併縫

緣編
↓ ↑
1 2

＝在前前段的同一針目鉤織3針

▷＝接線
▶＝剪線

短針併縫

起針
鎖針57針

花朵織片織圖（2片）
4/0號鉤針

8.5c

短針併縫（挑鎖針束鉤織）

※3、5、7、9、11段的 ⌒，
是依圖示挑前段短針（×）
針腳的兩條線鉤織。

※鉤織時花瓣是在織片的外側
（背面）。

表引短針

① 鉤針如圖示橫向入針，
掛線鉤出。

② 鉤織短針。

③

<<< **使用線材** >>>
DARUMA 蕾絲線 #20
（16）20g

<<< **其他材料** >>>
彈簧口金（11cm）
布34×15cm

<<< **工具** >>>
鉤針　3/0號

<<< **密度（10cm正方形）** >>>
花樣編　34針　13.5段

<<< **完成尺寸** >>>
高15cm　寬16cm

<<< **織法** >>>
1. 鎖針起針，以花樣編鉤織本體A，再以長針鉤袋口A。
2. 在本體A的起針上挑針，以花樣編鉤織本體B，再以長針鉤袋口B。
3. 本體A‧B背面相對對摺，鉤織緣編。
4. 袋口向內對摺，在背面進行藏針縫固定。
5. 製作內袋，接縫於本體。
6. 穿入口金的彈片夾。

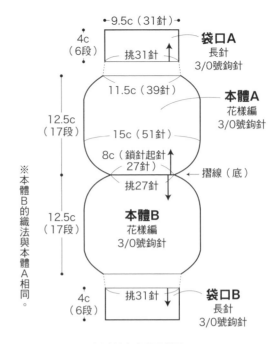

※加減針方式參照織圖。

組合完成

①本體依摺線對摺。

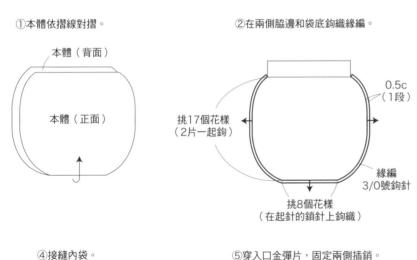

②在兩側脇邊和袋底鉤織緣編。

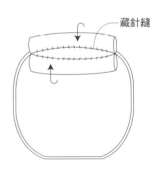

③袋口朝內對摺，藏針縫固定。

④接縫內袋。

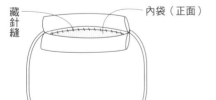

⑤穿入口金彈片，固定兩側插銷。

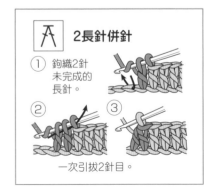

2長針併針

① 鉤織2針未完成的長針。

② ③

一次引拔2針目。

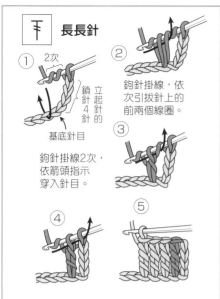

長長針

① 2次
鎖針4針的立起針
基底針目

鉤針掛線2次，依前頭指示穿入針目。

② 鉤針掛線，依次引拔針上的前兩個線圈。

③

④

⑤

內袋作法

①裁布。

17c
2c
2c
5.5c
布（2片）
14.5c
4c
4c

②2片布正面相對重疊，沿完成線縫合脇邊與袋底，邊角處剪牙口。

1c
（背面）
1c

③縫份內摺燙開。

（背面）

④袋口內摺1cm，以熨斗壓燙。

1c
（背面）

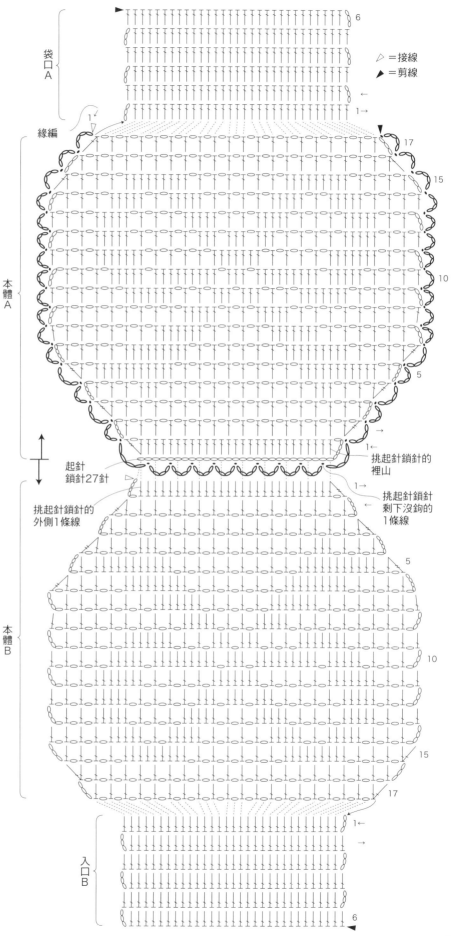

袋口A

▷＝接線
▶＝剪線

緣編

本體A

6

17

15

10

5

起針鎖針27針

挑起針鎖針的裡山

挑起針鎖針剩下沒鉤的1條線

挑起針鎖針的外側1條線

本體B

5

10

15

17

入口B

6

53

<<< **使用線材** >>>

DARUMA Hemp String

11 杏色（2）24m
　　水藍（5）24m
　　紫色（8）20m
12 橘色（6）24m
　　茶色（10）24m
　　綠色（4）20m
※此線材販售單位非g，
　而是以m（公尺）計。

<<< **其他材料** >>>

拉鍊（14cm）各1條

<<< **工具** >>>

鉤針　5/0號

<<< **完成尺寸** >>>

直徑12cm

<<< **織法** >>>

1. 繞線作輪狀起針，鉤織花樣織片。
2. 將兩織片背面相對重疊，在★處作捲針縫。
3. 接縫拉鍊。

花樣織片織圖（2片）
5/0號鉤針

※ = 在前段的同一針目
　　　鉤入2針

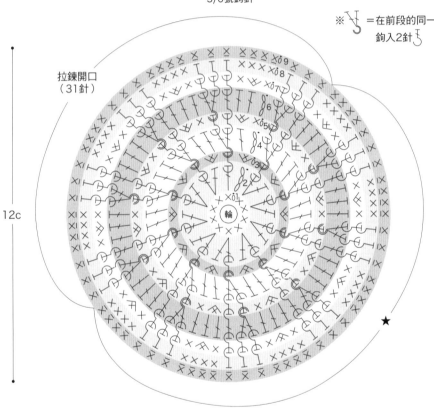

12c

拉鍊開口
（31針）

花樣織片配色

	11	12
1・4・7段	杏色	橘色
2・5・8段	水藍	茶色
3・6・9段	紫色	綠色

組合完成

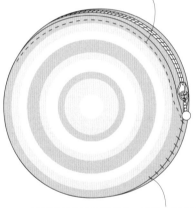

②在背面重疊拉鍊，
　沿第9段針頭下方進行半回針縫。

①兩織片背面相對疊合，取第9段同色縫線，
　在★處進行捲針縫。

③拉鍊布兩側以藏針縫固
　定於背面，注意不要拉
　太緊讓正面產生縫隙。

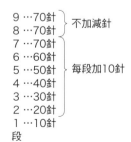

9 …70針　┐不加減針
8 …70針　┘
7 …70針　┐
6 …60針　│
5 …50針　│每段加10針
4 …40針　│
3 …30針　│
2 …20針　│
1 …10針　┘
段

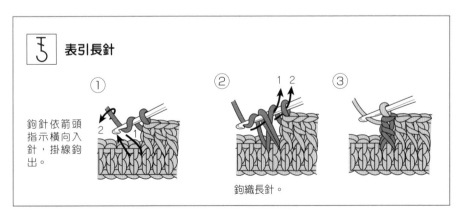

表引長針

① 鉤針依箭頭指示橫向入針，掛線鉤出。

②

③ 鉤織長針。

<<< **使用線材** >>>
Hamanaka 亞麻線〈Linen〉
11 茶色（19）25g
　　土耳其藍（11）10g
15 粉紅（14）25g
　　綠色（9）10g
16 水藍（5）25g
　　紅色（7）10g
<<< **其他材料** >>>
鈕釦（15mm）各1個

<<< **工具** >>>
鉤針　5/0號
<<< **完成尺寸** >>>
高8.5cm　寬9.5cm（不含提繩）
<<< **織法** >>>
1. 繞線作輪狀起針，鉤織5片花樣織片。
2. 織片依圖示排列，鉤織引拔針併縫接合，
　再鉤鎖針的提繩。
3. 接縫鈕釦

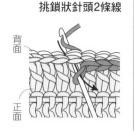

引拔針併縫

鉤針穿入兩織片針目上方的鎖狀針頭，鉤引拔針。

背面相對
挑鎖狀針頭2條線

背面
正面

花樣織片織圖（5片）
5/0號鉤針

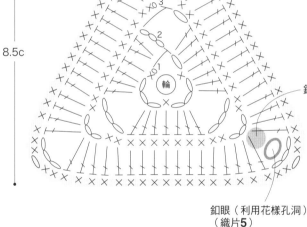

□＝A色
□＝B色

8.5c
9.5c

鈕釦位置（織片**2**）
釦眼（利用花樣孔洞）
（織片**5**）

織片拼接方法

△＝接線
▶＝剪線

織片
鈕釦接縫位置

釦眼
提繩

※依照①②的順序
　鉤織引拔併縫（B色）。
※合印（★和★、△和△）
　疊合接縫。

配色

	14	15	16
A色	茶色	粉紅	水藍
B色	土耳其藍	綠色	紅色

提繩織圖
B色
5/0號鉤針

起針
鎖針
30針

組合完成

①鉤織引拔針併縫接合織片1～4。
　（織片拼接方法①➡）

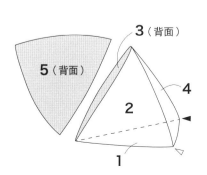

②拼接織片5（織片拼接方法②➡），
　並接續鉤織提繩。

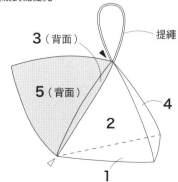

提繩

③以A色線接縫鈕釦。

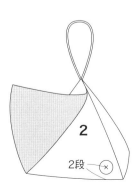

2段

<<< **使用線材** >>>
Olympus
Emmy Grande〈House〉
水藍（H13）20g
藍色（H14）10g
原色（H2）8g
<<< **其他材料** >>>
鈕釦（13mm）1個

<<< **工具** >>>
鉤針　3/0號
<<< **密度（10cm正方形）** >>>
長針　27針　12段
<<< **完成尺寸** >>>
高12cm　寬14cm

<<< **織法** >>>
1. 鎖針起針，以輪編進行長針的袋身。
2. 接著以輪編的短針鉤織袋口。
3. 繞線作輪狀起針，鉤織袋蓋織片，
　 接縫於本體。
4. 接縫鈕釦。

本體
3/0號鉤針

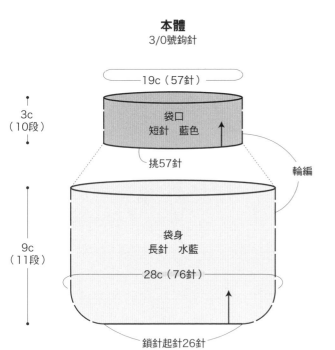

※袋身加針作法參照織圖。

袋蓋織圖
原色
3/0號鉤針

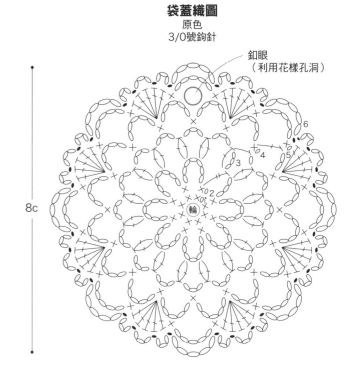

組合完成

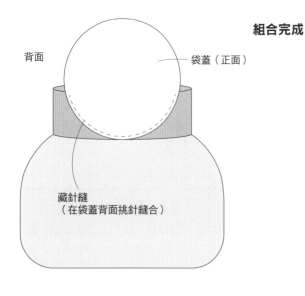

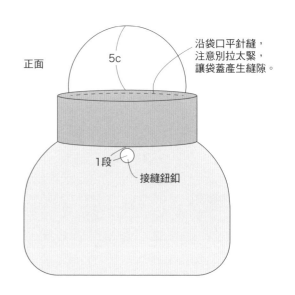

本體織圖

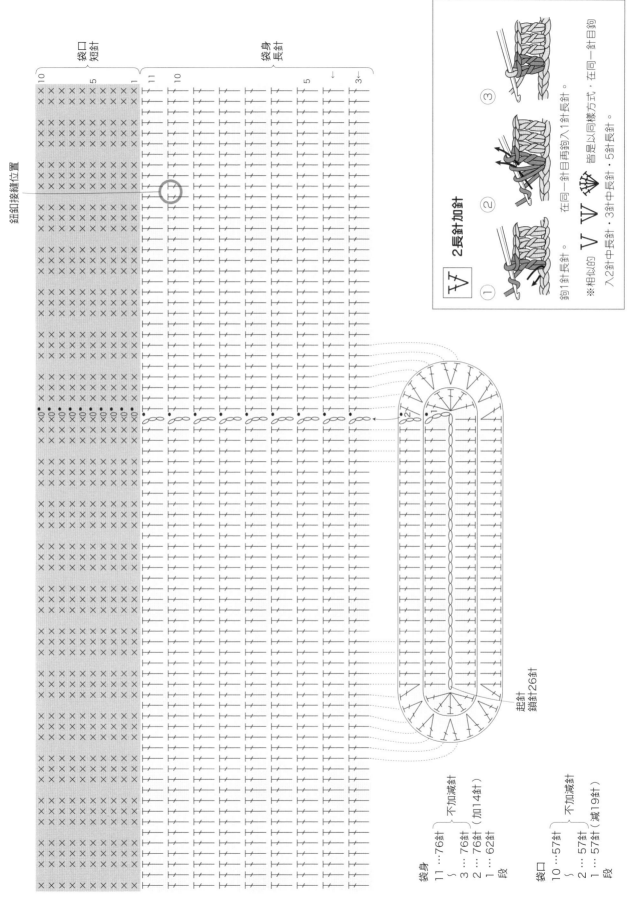

袋口
短針

袋身
長針

10

5

11
10

5

↓

3←

鈕釦接縫位置

③

在同一針目再鉤入1針長針。

2長針加針

②

V ∨

鉤1針長針。

①

※相似的 V ∨
入2針中長針 · 3針中長針 · 5針長針

起針
鎖針26針

袋身
11…76針
~…76針   不加減針
3…76針
2…76針(加14針)
1…62針
段

袋口
10…57針
~…57針   不加減針
2…57針
1…57針(減19針)
段

57

<<< **使用線材** >>>
Hamanaka Wash Cotton〈Gradation〉
灰色系漸層線（302）50g

<<< **其他材料** >>>
Hamanaka 包包用口金
（H207-002-2・約寬12×高6cm・銀）1個
C圈（5mm・銀色）2個
鍊條（銀色）48cm

<<< **工具** >>>
鉤針　4/0號

<<< **密度（10cm正方形）** >>>
花樣編　23針　12段

<<< **完成尺寸** >>>
高17cm　寬17cm

<<< **織法** >>>
1. 鎖針起針，以輪編進行中長針・花樣編鉤織本體。
2. 在本體挑針，以花樣編鉤織袋口。
3. 沿袋口邊緣鉤織短針。
4. 接縫口金。
5. 組裝C圈與手提鍊條。

本體
4/0號鉤針

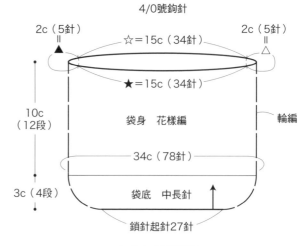

※加針方式參照織圖。

袋口
4/0號鉤針

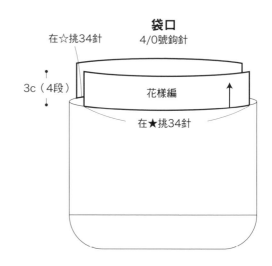

組合完成

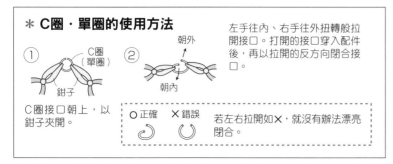

鍊條剪成24cm×2條，
以C圈接合2鍊條與口金框。

C圈

口金框疊放在
袋緣的短針上，
以回針縫縫合。

17c

袋緣　短針
4/0號鉤針

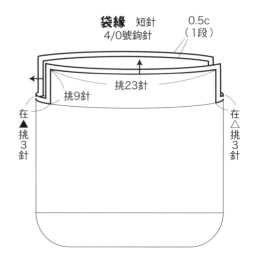

＊**C圈・單圈的使用方法**

① C圈（單圈）　鉗子
C圈接口朝上，以鉗子夾開。

② 朝外　朝內

左手往內、右手往外扭轉般拉開接口。打開的接口穿入配件後，再以拉開的反方向閉合接口。

○正確　×錯誤　若左右拉開如×，就沒有辦法漂亮閉合。

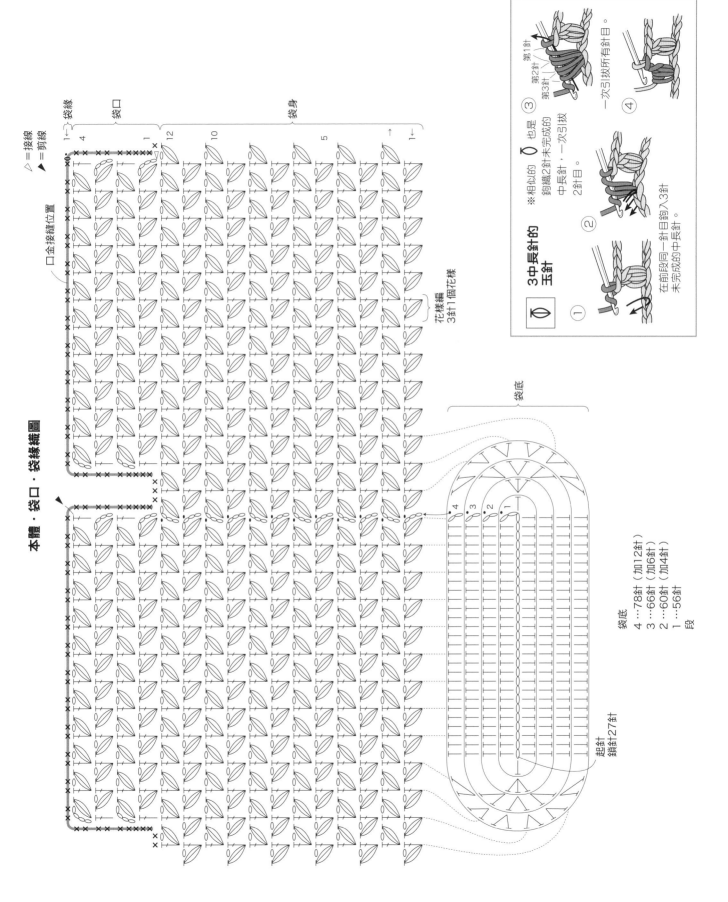

本體・袋口・袋緣織圖

△ = 接線
▲ = 剪線

袋緣
袋口

口金接縫位置

花樣編
3針1個花樣

3中長針的玉針

※相似的 ❻ 也是 ③
鉤織2針未完成的
中長針，一次引拔
2針目。

在前段同一針目鉤入3針
未完成的中長針。

① ② ③ 第1針 第2針 第3針 ④ 一次引拔所有針目。

袋底

袋底
4 …78針（加12針）
3 …66針（加6針）
2 …60針（加4針）
1 …56針
段

起針
鎖針27針

<<< **使用線材** >>>
Hamanaka Eco-ANDRIA
28 粉紅色（71）70g
29 灰色（177）70g
<<< **其他材料** >>>
拉鍊（20cm）各1條
Hamanaka 磁釦
（H206-043-3・14mm・古典）各1組
僅29
C圈（6×8mm・古銅金）2個
鍊條（古銅金）40cm
<<< **密度（10cm正方形）** >>>
起伏針 20針 39段
<<< **工具** >>>
棒針2枝 5號
鉤針 5/0號
<<< **完成尺寸** >>>
高16.5cm 寬23cm
<<< **織法** >>>
1. 手指掛線起針，以起伏針編織本體，最終段織套收針。
2. 疊合本體三處合印（○・△・□），以縫平針縫出抽褶。
3. 脇邊挑針併縫。
4. 鉤織袋口的短針。
5. 接縫拉鍊。
6. 手指掛線起針，以平面針編織釦帶，最終段織套收針。
7. 釦帶縫上磁釦，挑針併縫兩側・平面針併縫磁釦端。
8. 在主體接縫釦帶・吊耳・C圈・鍊條。

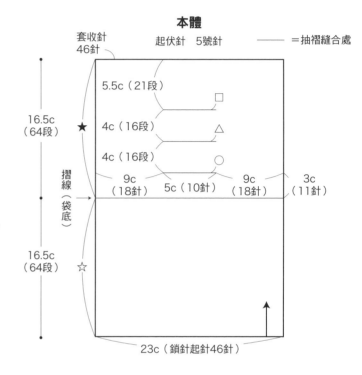

挑針併縫 在每段下針1針的內側，挑針併縫。

本體
套收針 46針　　起伏針 5號針　　——＝抽褶縫合處

16.5c（64段）★
5.5c（21段）□
4c（16段）△
4c（16段）○
9c（18針）　5c（10針）　9c（18針）　3c（11針）
摺線（袋底）
16.5c（64段）☆
23c（鎖針起針46針）

組合完成

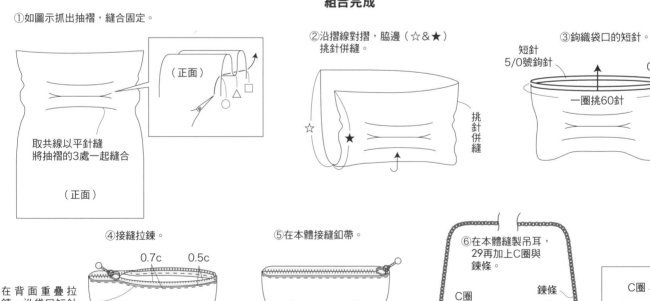

①如圖示抓出抽褶，縫合固定。
（正面）
取共線以平針縫
將抽褶的3處一起縫合
（正面）

②沿摺線對摺，脇邊（☆＆★）挑針併縫。
☆　★
挑針併縫

③鉤織袋口的短針。
短針
5/0號鉤針
0.5c（1段）
一圈挑60針

④接縫拉鍊。
0.7c　0.5c
在背面重疊拉鍊，沿袋口短針針頭的正下方作半回針縫。

⑤在本體接縫釦帶。
以共線作捲針縫
磁釦（凹）
※釦帶接縫位置參照織圖。

⑥在本體縫製吊耳，29再加上C圈與鍊條。
C圈　鍊條
C圈
鍊條
吊耳（取2股同色縫線）

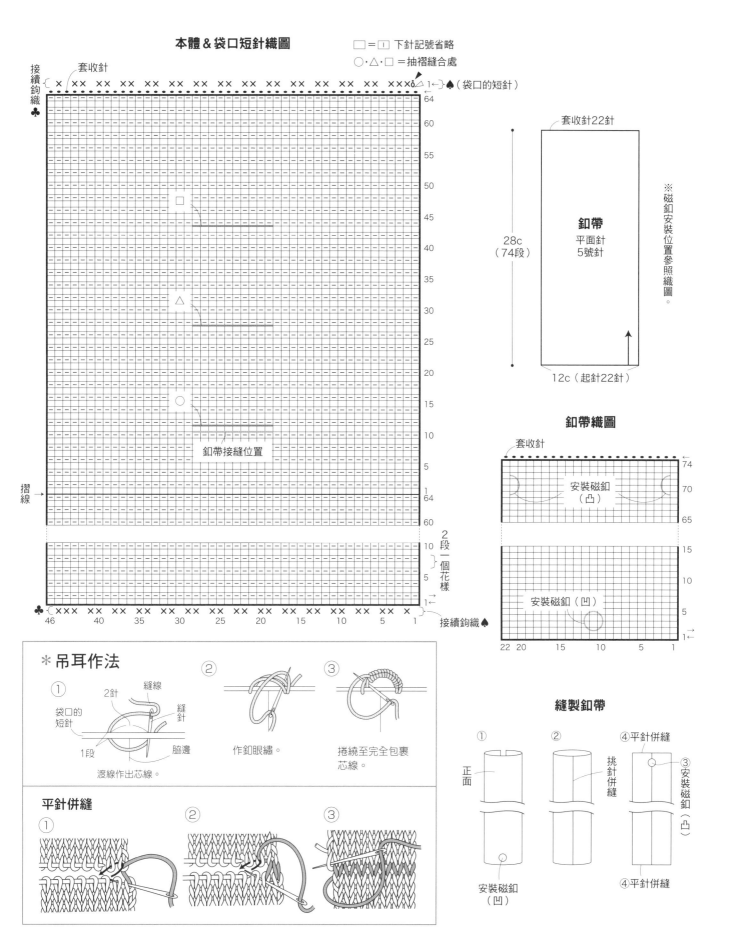

本體＆袋口短針織圖　　□＝┃ 下針記號省略
　　　　　　　　　　　　　　　○・△・□＝抽褶縫合處

接續鉤織 ♣

套收針

← 1 → ♠（袋口的短針）

64
60
55
50
45
40
35
30
25
20
15
10
5
1
64
60

□
△
○

釦帶接縫位置

摺線 →

2段一個花樣

10
5
1

××× ×× ×× ××× ×× ×× ×× ×× ×× ×× ××
46　40　35　30　25　20　15　10　5　1

♣　　　　　　　　　　　　　接續鉤織 ♠

套收針22針

釦帶
平面針
5號針

28c
（74段）

12c（起針22針）

※磁釦安裝位置參照織圖。

釦帶織圖

套收針

安裝磁釦（凸）

74
70
65

安裝磁釦（凹）

15
10
5
1

22 20　15　10　5　1

✱ **吊耳作法**

① 縫線　縫針　2針　袋口的短針　1段　脇邊
渡線作出芯線。

② 作釦眼繡。

③ 捲繞至完全包裹芯線。

平針併縫

①
②
③

縫製釦帶

① 正面

② 挑針併縫

③ 安裝磁釦（凸）
④ 平針併縫

安裝磁釦（凹）

④ 平針併縫

<<< **使用線材** >>>

30 Olympus Cotton Novia〈Varie〉　※**30** 鉤針4/0號
深粉紅（10）50g　　　　　　　**31** 鉤針5/0號
31 Hamanaka Comacoma
深褐色（15）360g

<<< **其他材料** >>>

30 鈕釦（18mm）1個
31 鈕釦（25mm）1個

<<< **工具** >>>

30 鉤針4/0號
31 鉤針7.5/0號

<<< **密度（10cm正方形）** >>>

30 花樣編　28.5針　21段
31 花樣編　15.5針　10.5段

<<< **完成尺寸** >>>

30 高約12cm　寬約16cm
31 高約23.5cm　寬約29.5cm

<<< **織法** >>>

1. 鎖針起針，以花樣編鉤織本體。
2. 沿本體周圍鉤織短針＆緣編A·B。
3. 本體依圖示在袋底摺線摺疊，沿脇邊鉤織緣編C，
   袋蓋鉤織緣編D。
4. 接縫鈕釦。

細字＝30
粗字＝31
僅一數值則為通用

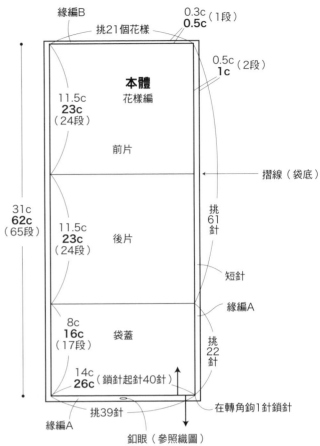

本體
花樣編

前片

後片

袋蓋

緣編B
挑21個花樣
0.3c（1段）
0.5c
0.5c（2段）
1c
摺線（袋底）
挑61針
短針
緣編A
挑22針
在轉角鉤1針鎖針
釦眼（參照織圖）
挑39針
緣編A

11.5c **23c**（24段）
11.5c **23c**（24段）
8c **16c**（17段）
14c **26c**（鎖針起針40針）
31c **62c**（65段）

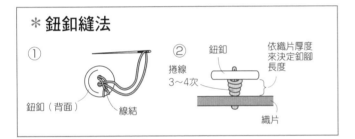

* **鈕釦縫法**

① 鈕釦（背面）　線結

② 鈕釦　捲線3〜4次　依織片厚度來決定釦腳長度　織片

組合完成

②在脇邊鉤緣編C，袋蓋鉤緣編D。

①依圖示沿摺線摺疊本體。

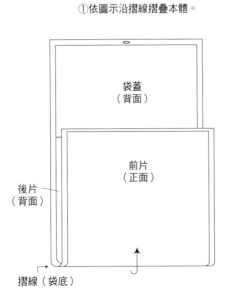

袋蓋（背面）

前片（正面）

後片（背面）

摺線（袋底）

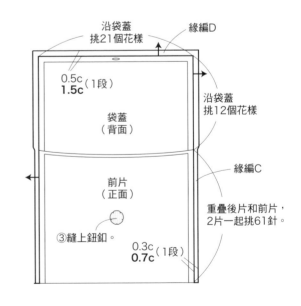

沿袋蓋挑21個花樣
緣編D
0.5c（1段）
1.5c
袋蓋（背面）
沿袋蓋挑12個花樣
緣編C
前片（正面）
③縫上鈕釦。
重疊後片和前片，2片一起挑61針。
0.3c（1段）
0.7c

本體・短針・緣編A〜D的織圖

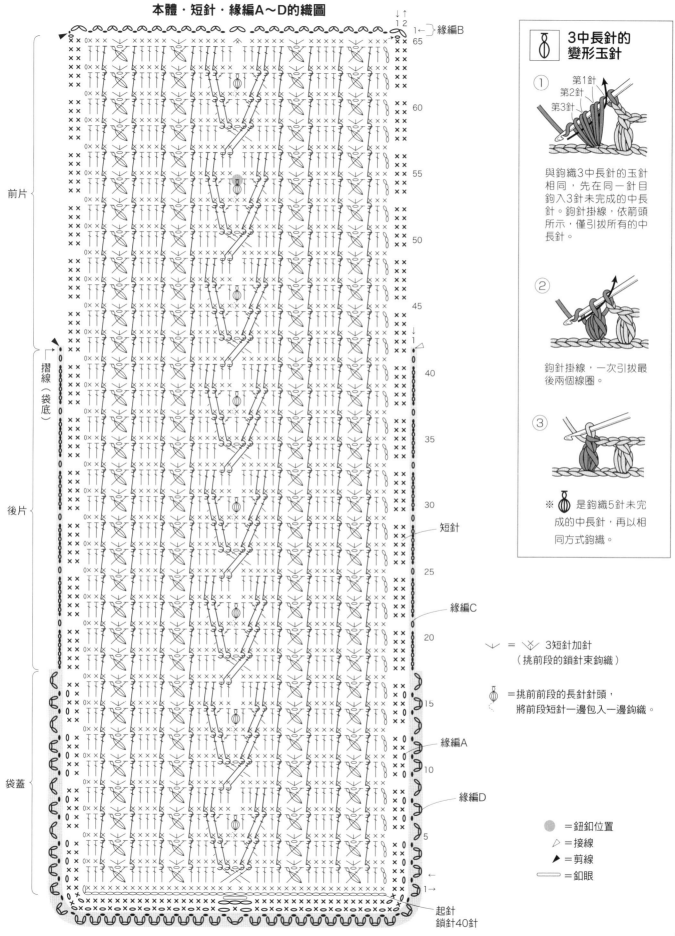

前片

摺線（袋底）

後片

袋蓋

緣編B

65
60
55
50
45
40
35
30
25
20
15
10
5
1→

↓↑
1 2
1←

↓
1

短針

緣編C

緣編A

緣編D

起針
鎖針40針

3中長針的變形玉針

① 第1針
第2針
第3針

與鉤織3中長針的玉針相同，先在同一針目鉤入3針未完成的中長針。鉤針掛線，依照箭頭所示，僅引拔所有的中長針。

② 鉤針掛線，一次引拔最後兩個線圈。

③

※ 🌰 是鉤織5針未完成的中長針，再以相同方式鉤織。

↘ = 3短針加針（挑前段的鎖針束鉤織）

🌰 =挑前前段的長針針頭，將前段短針一邊包入一邊鉤織。

● =鈕釦位置
▷ =接線
▶ =剪線
━ =釦眼

63

<<< **使用線材** >>>
DARUMA Cotton Crochet Large
原色（2）10g
胭脂紅（7）10g

<<< **其他材料** >>>
拉鍊（12cm）1條
布14×23cm

<<< **工具** >>>
棒針2枝 3號
鉤針2/0號（起針・吊飾繩用）

<<< **密度（10cm正方形）** >>>
平面針・織入花樣 29針　39段

<<< **完成尺寸** >>>
高10.5cm　寬12cm

<<< **織法** >>>
1. 別鎖起針，以平面針・織入花樣（在背面渡線的織法）・
　 起伏針編織前片，最後織套收針。
2. 解開起針的別線、挑針，以相同的作法1編織後片。
3. 脇邊挑針併縫。
4. 接縫拉鍊。
5. 製作流蘇・吊飾繩・內袋，接縫於本體。

波奇包
3/0號鉤針

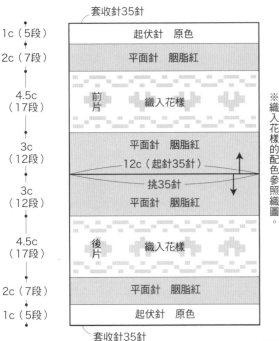

前片・後片織圖

☐=胭脂紅　☐=原色
☐=☐ 下針記號省略

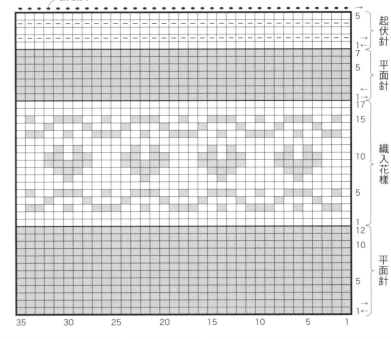

組合完成

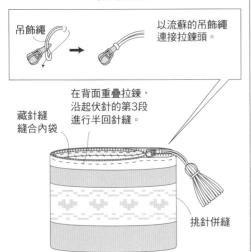

以流蘇的吊飾繩
連接拉鍊頭。

藏針縫
縫合內袋

在背面重疊拉鍊，
沿起伏針的第3段
進行半回針縫。

挑針併縫

流蘇作法（1個）

① 將原色線穿過線圈，打結束緊。
5c　厚紙板
原色線捲繞50次。

② 吊飾繩 鎖針20針（2/0號鉤針）
4c
1.5c　以步驟①打結的織線鉤20針鎖針。
3.5c　共線打結
剪刀剪開線圈，修齊。

▶ =剪線

內袋作法

①裁布。
②對摺，縫合脇邊。
（正面）
1c
（背面）
23c
14c

③袋口下摺1.5cm，
燙開脇邊與袋口縫份。

（正面）
1.5c

攤開縫份

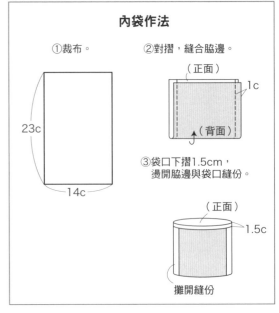

<<< **使用線材** >>>
Hamanaka わんぱくデニス
26 綠色（46）25g、奶油色（51）10g
27 綠色（46）20g、奶油色（51）5g

<<< **其他材料** >>>
26 拉鍊（17cm）1條
27 拉鍊（13cm）1條

<<< **工具** >>>
棒針4枝　7號

<<< **密度（10cm正方形）** >>>
平面針・織入花樣　20針　24段

<<< **完成尺寸** >>>
26 高15.5cm　寬18cm
27 高17cm　寬12cm

<<< **織法** >>>
1. 手指掛線起針，以輪編的平面針・織入圖案
　 編織本體，最終段針目縮口束緊。僅27在中
　 途預留拇指的針目休針。
2. 僅27在本體拇指處挑針，以平面針的輪編編
　 織拇指，最終段針目縮口束緊。
3. 接縫拉鍊。
4. 僅26製作毛球，接縫於帽頂。

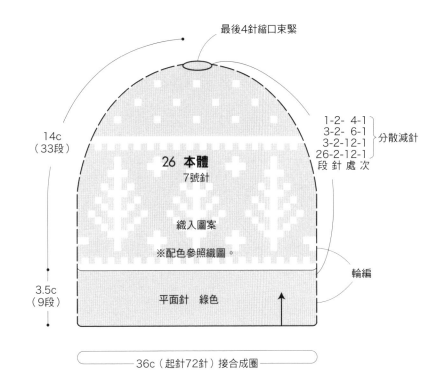

最後4針縮口束緊

14c（33段）

3.5c（9段）

1-2- 4-1
3-2- 6-1
3-2-12-1
26-2-12-1
段 針 處 次
分散減針

26 本體
7號針

織入圖案

※配色參照織圖。

平面針　綠色

輪編

36c（起針72針）接合成圈

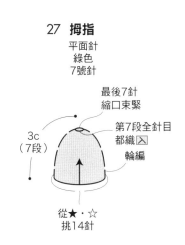

27 拇指
平面針
綠色
7號針

3c（7段）

最後7針
縮口束緊

第7段全針目
都織⊠
輪編

從★・☆
挑14針

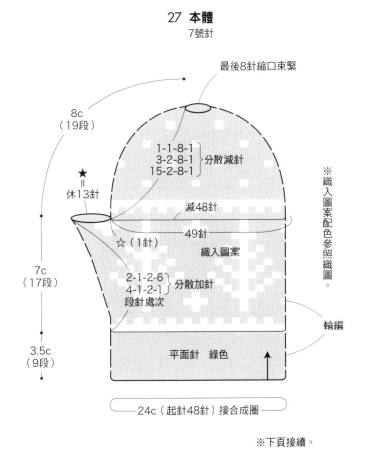

27 本體
7號針

最後8針縮口束緊

8c（19段）

1-1-8-1
3-2-8-1
15-2-8-1
分散減針

★ ＝
休13針

減48針

☆（1針）

49針

織入圖案

2-1-2-6
4-1-2-1
段 針 處 次
分散加針

7c（17段）

3.5c（9段）

平面針　綠色

※織入圖案配色參照織圖。

輪編

24c（起針48針）接合成圈

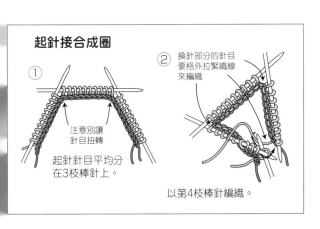

起針接合成圈

① 注意別讓
針目扭轉

起針針目平均分
在3枝棒針上。

② 換針部分的針目
要格外拉緊織線
來編織

以第4枝棒針編織。

※下頁接續。

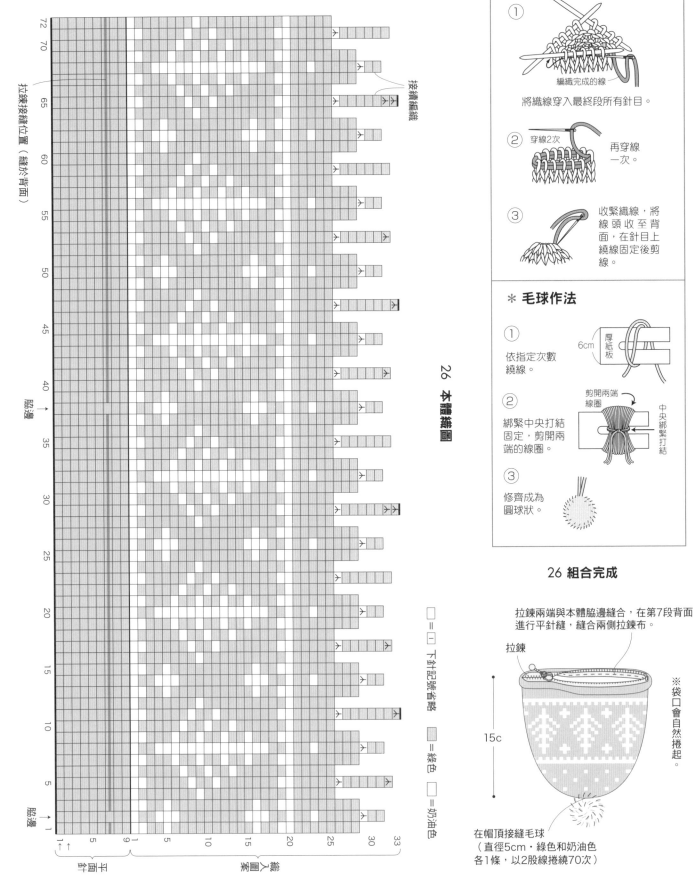

縮口束緊

① 編織完成的線

將織線穿入最終段所有針目。

② 穿線2次 再穿線一次。

③ 收緊織線,將線頭收至背面,在針目上繞線固定後剪線。

✳ 毛球作法

① 依指定次數繞線。 6cm 厚紙板

② 剪開兩端線圈 中央綁緊打結

綁緊中央打結固定,剪開兩端的線圈。

③ 修齊成為圓球狀。

26 組合完成

拉鍊兩端與本體脇邊縫合,在第7段背面進行平針縫,縫合兩側拉鍊布。

拉鍊

15c

※袋口會自然捲起。

在帽頂接縫毛球
(直徑5cm・綠色和奶油色
各1條,以2股線捲繞70次)

□ = □ 下針記號省略

▨ = 綠色

□ = 奶油色

拉鍊接縫位置(縫於背面)

接縫織織

脇邊

脇邊

平面針

織入圖案

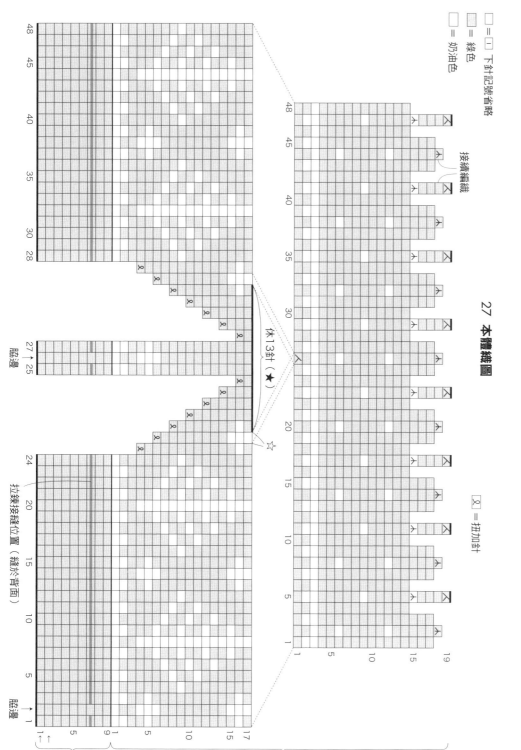

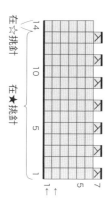

27 拇指織圖

在☆挑針　在★挑針

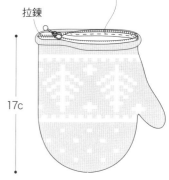

27 本體織圖

☒ = 扭加針

接續編織

休13針（★）

27 組合完成

拉鍊兩端與本體脇邊縫合，
在第7段背面進行平針縫，
縫合兩側拉鍊布。

拉鍊

17c

※袋口會自然捲起。

□＝□　下針記號省略
　　　＝綠色
□＝　奶油色

❋織入圖案
在背面渡線的織法

依照織圖花樣，以底色線編織時，配
色線暫休針，配色線編織時，底色線
在織片的背面暫休針，以此方式一邊
渡線一邊編織。渡線時要注意，別讓
背面的織線太緊或太鬆，並且小心別
勾到織線。

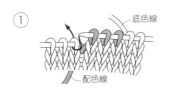

① 底色線暫休針，以配色線編織。依
箭頭指示入針後，再次以暫休針的
底色線編織。

底色線
配色線

② 以底色線編織必要針數，交替使用
配色線編織。此時如圖示交叉織
線。

如圖示交叉

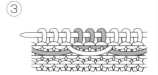

③ 背面的渡線模樣如圖所
示。

開始編織前

＊ 示意圖的說明

簡 寫

c＝cm	套＝套收針
起＝起針	休＝休針
減＝減針	

波奇包是以4/0號鉤針鉤織。

指定密度尺寸的相對段數。

波奇包
4/0號鉤針

輪廓線為實線時，以往復編鉤織。虛線時則是以輪編鉤織。

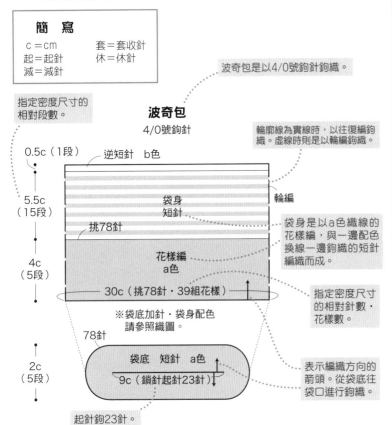

0.5c（1段）逆短針 b色

5.5c（15段）袋身 短針 輪編

挑78針

4c（5段）花樣編 a色

30c（挑78針・39組花樣）

袋身是以a色織線的花樣編，與一邊配色換線一邊鉤織的短針編織而成。

指定密度尺寸的相對針數・花樣數。

※袋底加針・袋身配色請參照織圖。

78針

2c（5段）袋底 短針 a色

9c（鎖針起針23針）

表示編織方向的箭頭。從袋底往袋口進行鉤織。

起針鉤23針。

＊ 鉤針編織的織圖說明

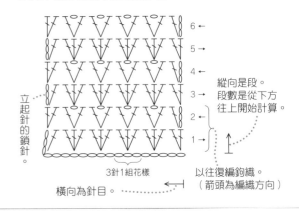

立起針的鎖針。

3針1組花樣

縱向是段。段數是從下方往上開始計算。

以往復編鉤織。（箭頭為編織方向）

橫向為針目。

＊ 棒針編織的織圖說明

有記號的格子，依針法記號的標示編織。

沒有標示記號的空格，省略了下針記號，因此要織下針。

□＝□ 下針記號省略

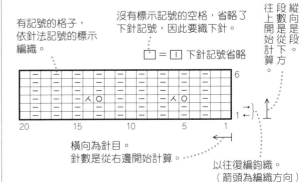

縱向是段。段數是從下方開始計算。

橫向為針目。針數是從右邊開始計算。

以往復編鉤織。（箭頭為編織方向）

＊ 關於密度

「密度」是指織片的密度，表示在10cm正方形中應有的針數和段數。由於密度會因編織者的手勁產生差異，就算使用本書指定的線材＆鉤針，也不一定會編織出相同的大小。請務必以試編來測量自己編織時的密度。

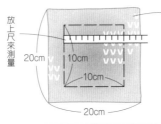

放上尺來測量

20cm

10cm

10cm

20cm

試編的織片
（由於靠近織片邊端的針目大小較不一致，所以要鉤20cm正方形。）

編織完成後以蒸汽熨斗輕輕熨燙，注意別讓針目變形，接著計算中央10cm正方形內的針目・段數。

※若數字比本書指定密度的針數・段數多（針目太緊密）可改用較粗針號，數字少時（針目寬鬆）則換較細針號來調整。

＊ 往復編＆輪編

鉤針編織時

往復編

依箭頭方向指示，每段交互看著正面和背面鉤織。（箭頭朝左時看著正面，箭頭朝右時看著背面鉤織）。

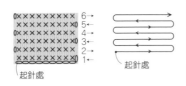

起針處

起針處

棒針編織時

往復編

以2枝棒針從織片一端編織至另一端，再翻面編織，每段交互看著正反面來進行編織。

織圖

每段前頭皆為反方向。

（正面）

（背面）

輪編

從中心起針時

從中心開始朝外側鉤織。固定看著織片正面，以逆時針方向進行鉤織。

圓筒狀鉤織時

完成一段鉤織時，挑該段的第一針鉤引拔，接合成圈。固定看著織片正面，以螺旋狀進行鉤織。

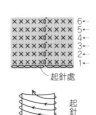

起針處

輪編

將針目平均分在4枝棒針的其中3枝，再取第4枝棒針，看著織片正面繞圈般編織成筒狀。

織圖

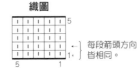

每段前頭方向皆相同。

（背面）

（正面）

基礎編織針法

鉤針編織

＊起針

以鎖針作輪狀起針

※以第1段為長針編織的情況作說明。

| 鎖針起針 | …P.36 |
| 輪狀起針 | …P.42 |

① 鉤織鎖針，鉤針穿入第1個針目中。

② 掛線後將線鉤出。

③ 鉤織作為第一段立起針的鎖3針。

④ 鉤針掛線，依箭頭指示穿入。

鎖立起針的3針

⑤ 鉤織長針。

⑥ 鉤織必要針數後，鉤針依箭頭方向穿入立起針的鎖針第3針，鉤引拔針。

＊針目記號

逆短針	…P.37	2長針加針	…P.57	2長針併針	…P.52	5針中長針的變形玉針	…P.63
長長針	…P.53	3中長針加針	…P.57	2中長針的玉針	…P.59	5針長針的爆米花針	…P.48
2短針加針	…P.41	2中長針加針	…P.57	3中長針的玉針	…P.59	表引短針	…P.51
3短針加針	…P.41	5長針加針	…P.57	3中長針的變形玉針	…P.63	表引長針	…P.54
						1針交叉長針（1針鎖針）	…P.37

鎖針

① 鉤針掛線後將線鉤出。

② 重複相同的動作鉤織。

③

※掛在鉤針上的線圈不算1針。

引拔針

① 鉤針依箭頭方向穿入。

② 將線一次引拔鉤出。

短針

① 立起針的鎖1針

②

③

④

中長針

① 立起針的鎖2針　基底針目

②

③

④

長針

① 立起針的鎖3針　基底針目

②

③

④

⑤

2短針併針

①

② 鉤織未完成的短針2針。

③ 一次引拔鉤出。

※「未完成」是指，再引拔1次即可完成針目（短針或長針等）的狀態。

畝針（鉤織短針時）

① 以往復編進行鉤織。鉤針穿入前段鎖狀針頭外側的1條線中。

② 鉤織短針。

筋編（鉤織短針時）

① 以輪編進行鉤織。鉤針穿入前段鎖狀針頭外側的1條線中。

② 鉤織短針。

※「畝針」和「筋編」使用相同的針法記號。織法（挑前段針目鎖狀針頭的外側一條線鉤織）雖然也相同，但「畝針」是以往復編鉤織，「筋編」是以輪編鉤織，針法名稱只要見織片成品就能瞭解。

※一般短針是挑前段鎖狀針頭的2條線。（短針以外也是相同作法挑針）

※ ⚠ ・ ⬤ 皆以相同方式挑針，再鉤織2短針併針・引拔針。

 **長針1針左上交叉**

① 鉤針依箭頭方向穿入，鉤織長針。

※  的織法
在步驟①鉤2針 ，鉤1針鎖針。
在步驟①完成的針目外側鉤2針 。

② 鉤針依箭頭方向穿入。
③ ④ 在剛才鉤好的長針外側鉤織1針長針。

 長針1針右上交叉

① 鉤針依箭頭方向穿入，鉤織長針。

※ 的織法
在步驟①鉤1針 。
在步驟①完成的針目內側鉤2針 。

② 鉤針依箭頭方向穿入。
③ ④ 在剛才鉤好的長針內側鉤織1針長針。

 2長針的玉針

在前段的同一針目鉤入未完成的長針2針。

① ②

③ ④
一次引拔鉤出。

✻ 挑束鉤織

從前段的鎖針針目挑針時，鉤針依箭頭方向將全部鎖針挑起的動作稱為「挑束」。

※「挑針鉤織」和「挑束鉤織」的不同

加針2針以上的針目記號，有針腳密合和針腳分開兩種記號樣式，那分別表示鉤針在前段編織時，是穿入針目的挑針鉤織或挑束鉤織的差異。

●挑針鉤織 　　　●挑束鉤織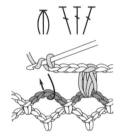

✻ 併縫

挑針併縫 …P.35	短針併縫 …P.50
引拔針併縫 …P.55	

✻ 收針

縮口束緊 …P.47

✻ 以引拔針拼接織片的方法

從拼接織片的正面入針，掛線鉤引拔針。

① 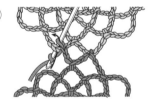　②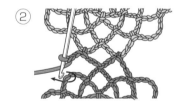

✻ 換色&收針藏線的方法

織入花樣（縱向渡線的方法）…P.44　織入花樣（包裹線材編織的方法）…P.46

在鉤織中途換線的方法	**在織片末端換線的方法**	**條紋花樣的換線方法**	**收針藏線的方法**
換線的前一針目即將完成時，改掛新線鉤織。	換線的前段最後一針即將完成時，改掛新線鉤織。	鉤織完成的色線不剪斷，暫休針，鉤織至下次配色時渡線鉤織。	作品鉤織完成時，將線頭穿過毛線針，藏於織片背面的針目中。
	 線頭不打結各留下約8cm的長度，織完再收針藏線。	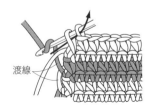 渡線	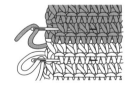

✱ 起針

手指掛線起針法

① 線頭端預留編織長度的3～4倍線長，如右圖作一線環，從環中拉出織線掛在2枝棒針上。拉線收緊，此為第1針。

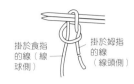
掛於食指的線（線球側）
掛於姆指的線（線頭側）

② 如圖示在左手食指和拇指掛線，其餘指頭按住織線。右手食指按住第1針。

③
棒針依前箭頭穿入拇指外側的織線，掛線。

④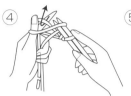
棒針再依前箭頭指示勾起食指上的線。

⑤
將掛在食指的織線往內側拉，從拇指的線環中拉出。

⑥
鬆開掛在拇指上的線。

⑦
拇指從鬆開的織線內側穿入，拉線收緊針目，並重新掛線在拇指上。重複步驟③～⑦。

⑧
織完所需針數後，將其中1根棒針抽出。此起針段算作第1段。

別鎖起針

①
鎖針的裡山
鎖針的起針處
棒針穿入的方向

以別線鉤織比所需針數多5針左右的寬鬆鎖針。

② 將棒針穿入鎖針的裡山，織第1段。

③ 編織必要針數。此起針段算作第1段。

別鎖起針的挑針方法

① 接下來挑針時，一邊將別線的鎖針拆開，一邊將針目移至棒針。

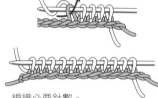

② 將棒針穿入線圈中。

✱ 針目記號

｜ 下針

① ② ③ ④
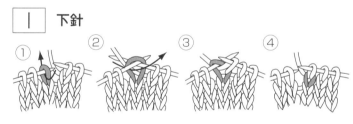

― 上針

① ② ③ ④
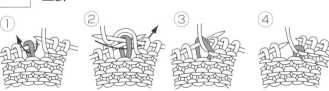

木 左上2併針（上針）

① ② ③

入 右上2併針

① 織上針　不編織移至右棒針　② 覆蓋　③
 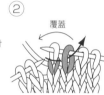 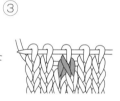

人 左上2併針

① ② ③

木 中上3併針

① 針目1‧2不編織，依箭頭指示入針直接移至右棒針。

② 針目3織下針。

③ 將移至右針的針目1‧2，覆在針目3上。
覆蓋

④ 完成中央針目在最上面的中上3併針。
 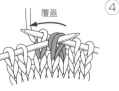 

扭針

棒針以扭轉前段針目的方式穿入，織下針。

 扭加針（下針）

挑起前段的橫向渡線掛於左針，右針依照箭頭扭轉穿入針目，織下針。

 扭加針（上針）

棒針以扭轉前段針目的方式穿入，織上針。

※扭針和扭加針是以相同記號表示。織圖上若有加針即是扭加針，沒有加針則為扭針。

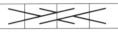 左上2針交叉

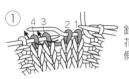

① 針目1·2移至麻花針上，放在外側暫休針。

② 針目3·4依序織下針。

③ 麻花針上休針的針目1·2，依序織下針。

④ 完成左上2針交叉。

 右上2針交叉

① 針目1·2移至麻花針上，放在內側暫休針。

② 針目3·4依序織下針。

③ 麻花針上休針的針目1·2，依序織下針。

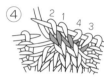

④ 完成右上2針交叉。

交叉針的應用

也有交叉2針以上的交叉針。此外，也不侷限於相等針數的交叉。有1針和2針的交叉，一邊是上針或一邊是扭針的交叉等，可應用各種織法。從記號的線條上下等表示，來解讀其鉤織方法吧！

例）

實線為上方的針目。

橫線表示以上針鉤織。

針目1·2移至麻花針上，放在內側暫休針，先織針目3的上針。再依序以下針編織休針的針目1·2。

❋ 接合·併縫

挑針併縫 …P.60　　**平面針併縫** …P.61

❋ 收針

套收針 …P.39　　**縮口束緊** …P.66

❋ 條紋花樣的換線方法

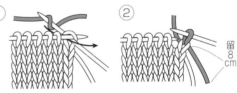

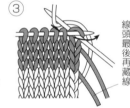

① ② ③

留8cm

線頭最後再藏線

其他技法

❋ 刺繡方法

鎖鏈繡

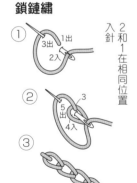

① ② ③

1出 2入 3出
5出 4入 3

2和1在相同位置入針

法國結粒繡

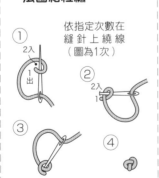

① ② ③ ④

2入 1出
2入 1

依指定次數在縫針上繞線（圖為1次）

緞面繡

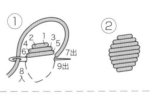

① ②

2 1 3 5
4 6 7出
8入 9出

回針繡

3出 1出 2
2

❋ 香菇鈕縫法

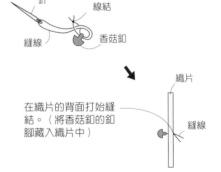

針　線結
縫線　香菇鈕

織片
縫線

在織片的背面打始縫結。（將香菇鈕的鈕腳藏入織片中）

❋ 手縫技法

平針縫

捲針縫

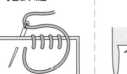

藏針縫

0.3至0.5cm

回針縫

剖面圖

針距為線距的2倍

❋ 鈕釦縫法 …P.62

半回針縫

剖面圖

針距為線距的3倍

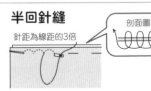

樂・鉤織 19

好用又可愛！
簡單開心織的造型波奇包

作　　　　者／BOUTIQUE-SHA
譯　　　　者／莊琇雲
發　 行　 人／詹慶和
總　 編　 輯／蔡麗玲
執　行　編　輯／蔡毓玲
編　　　　輯／劉蕙寧・黃璟安・陳姿伶・李佳穎・李宛真
封　面　設　計／陳麗娜
美　術　編　輯／周盈汝・韓欣恬
內　頁　排　版／造極
出　　 版　　 者／Elegant-Boutique 新手作
發　　 行　　 者／悅智文化事業有限公司
郵政劃撥帳號／19452608
戶　　　　名／悅智文化事業有限公司
地　　　　址／新北市板橋區板新路 206 號 3 樓
電　　　　話／（02）8952-4078
傳　　　　真／（02）8952-4084
電　子　信　箱／elegantbooks@msa.hinet.net

2017 年 02 月初版一刷　定價 350 元

Lady Boutique Series No.4193
TEAMI NO POUCH
© 2016 Boutique-sha, Inc.
All rights reserved.
Original Japanese edition published in Japan by BOUTIQUE-SHA.
Chinese (in complex character) translation rights arranged with
BOUTIQUE-SHA
through KEIO CULTURAL ENTERPRISE CO., LTD.

經銷／高見文化行銷股份有限公司
地址／新北市樹林區佳園路二段 70-1 號
電話／0800-055-365　傳真／（02）2668-6220

國家圖書館出版品預行編目資料

好用又可愛！簡單開心織的造型波奇包 /
BOUTIQUE-SHA 編著；莊琇雲譯 . -- 初版 . --
新北市：新手作出版：悅智文化發行 , 2017.02
　面；　公分 . -- (樂 . 鉤織；19)
譯自：手編みのポーチ
ISBN 978-986-93962-5-7(平裝)

1. 手提袋 2. 手工藝

426.7　　　　　　　　　　　106001604